青岛海洋科学与技术试点国家实验室蓝色智库项目资助

海洋科技全球创新格局和创新资源分布

——知识图谱视角

王云飞　王志玲　秦洪花　厉　娜　等著

U0190051

中国海洋大学出版社

·青岛·

图书在版编目（CIP）数据

　　海洋科技全球创新格局和创新资源分布：知识图谱视角／王云飞等著. —青岛：中国海洋大学出版社，2021.10
　　ISBN 978-7-5670-2976-7

　　Ⅰ.①海…　Ⅱ.①王…　Ⅲ.①海洋开发—科学技术—研究—中国　Ⅳ.①P74

　　中国版本图书馆CIP数据核字（2021）第220887号

HAIYANG KEJI QUANQIU CHUANGXIN GEJU HE CHUANGXIN ZIYUAN FENBU
—ZHISHI TUPU SHIJIAO

海洋科技全球创新格局和创新资源分布
——知识图谱视角

出版发行	中国海洋大学出版社
社　　址	青岛市香港东路23号　　邮政编码　266071
网　　址	http://pub.ouc.edu.cn
出版人	杨立敏
责任编辑	邓志科
电　　话	0532-85901040
电子信箱	dengzhike@sohu.com
印　　制	蓬莱利华印刷有限公司
版　　次	2021 年 11 月第 1 版
印　　次	2021 年 11 月第 1 次印刷
成品尺寸	185 mm × 260 mm
印　　张	9.625
字　　数	180 千
印　　数	1—1000
定　　价	58.00元
订购电话	0532-82032573（传真）

发现印装质量问题，请致电0535-5651533，由印刷厂负责调换。

课题组成员

课题负责人：王云飞

课题组成员：王云飞　王志玲　秦洪花　厉　娜

　　　　　　谭思明　朱延雄　王　栋　赵　霞

　　　　　　初志勇　尚　岩

前言

FOREWORD

　　从世界范围看，海洋科学创新能力和发展水平已经成为主要海洋国家间争夺全球海洋领导地位和话语权的关键领域之一。我国是海洋大国，新中国的海洋科技工作经过几十年曲折艰难的探索发展，现已进入跨越式发展的历史新阶段。海洋科技创新总体从"量的积累"阶段进入局部领域"质的突破"阶段。与此同时，当今世界科学技术发展孕育重大突破，科技进步和创新将成为推动人类社会发展的重要引擎。目前，世界正面临百年未有之大变局，海洋作为人类赖以生存的"第二疆土"，国际竞争日趋激烈，伴随新一轮科技革命和产业变革的兴起，必将重塑世界海洋竞争之格局。

　　了解当前世界海洋科技创新能力格局，对标国际领先海洋科研机构，认清自身在世界海洋科技创新格局的方位，校准发展坐标，牢牢抓住时代机遇，乘势而上，勇担时代赋予的"国之重任"，尽快补齐短板，力争在新一轮海洋科技大变局中实现"换道超车"，为海洋强国战略做出应有的贡献，是十分必要的。青岛海洋科学与技术试点国家实验室（以下简称"海洋试点国家实验室"）设立了蓝色智库重点项目，对海洋科学全球创新格局和创新资源分布研究给予了支持。课题从知识图谱视角，力图基于多源客观数据，在全球加速智能化新时代背景下，准确研判海洋强国海洋科技发展趋势、研发热点与研究前沿；把握海洋科技领域创新资源流动规律，建立全球链接，充分利用全球的人才、技术、知识、信息、资金等创新资源；分析海洋试点国家实验室在世界格局中的地位，并提出对策建议。

　　当前新的科技革命和产业变革不断深入，新冠疫情也深刻地影响着世界格局。在百年未有之大变局的背景下，在海洋科技领域，各国间竞争也是日趋激烈和复杂。期望本书能从知识图谱的客观视角，为实现海洋科技领域的自立自强提供战略支撑。最后，由于受学识、经验和能力的局限，课题组深知本书仍然存在着疏漏与不足，欢迎读者批评指正！并对所有参与和支持本书编写的朋友们表示由衷的感谢！

著者

2021年8月

目录

CONTENTS

世界海洋科技创新呈现
"一超多强，中国崛起"新格局

1.1 美国依然保持世界海洋科技超级强国地位

美国海洋科技力量是全球海洋科技的引领者，具有绝对领先优势。根据国家第六次技术预见海洋领域评价结果显示，美国领跑技术共138项，占总评价技术160项的86%，覆盖海洋技术的全部领域。在海洋科技产出上，2009~2018年，美国贡献了全球约50%的高被引论文（包括国际合作发表论文）、40%的SCI论文及40%的PCT专利。在全球海洋科研机构基本科学指标数据库（Essential Science Indicators，ESI）发文影响力排名前100的机构中，美国占据54个，优势明显。在全球海洋科技合作网络上，美国一直处于网络的核心位置，网络密度高达0.9（1是饱和状态）。在市场布局上，美国近80%的海洋技术相关专利布局在海外市场。这表明美国在海洋核心技术、科技产出、高水平平台、科技合作网络、技术市场布局等方面都保持其霸主地位。

1.2 老牌海洋国家仍具有较强的海洋科技创新竞争力

老牌海洋国家包括英国、德国、法国、挪威、加拿大、澳大利亚、日本。国家第六次技术预见海洋领域评价结果显示，日本、英国、德国三国领跑技术数量分别为50、24及21项，均高于我国。全球海洋科研机构ESI发文影响力排名前100的机构中，法国13家、英国12家、澳大利亚6家、德国4家，在机构数量排名中位居第2~5位；我国3家位居第6位。在国际合作网络中，2018年法国、德国、英国、加拿大、澳大利亚的网络密度仍高于我国。在PCT专利数量上，美国与日本分列1、2位，我国排第3位。根据专家调查结果显示，海洋高新技术产品主要集中在美国、德国、法国、挪威及日本。德国技术产品优势集中在物理传感器、声学探测仪器、生态传感器及通用技术产品；法国技术产品优势集中在合成孔径雷达、声学探测仪器、导航等；挪威技术产品优势集中在船舶、海洋雷达、海洋油气开发等；日本技术产品优势集中在生态传感器与物理海洋传感器。这表明传统海洋国家日本、英国、德国、法国等国在海洋科技学术研究影响力、海洋高新技术及产品、国际科技合作等方面依然处于全球产业链、技术链、创新链的高端。

1.3 海洋科技创新成为各国可持续发展的重要途径

当今世界正面临百年未有之大变局，各国都在发力探寻新科技、新产业、新发展路径，力求在未来世界竞争格局中谋得符合自身特点的发展优势。为此，各国纷纷制定海洋科技发展战略，阐述各自的海洋科技愿景目标，明确重点任务与方向。加大新一代信息技术、生物基因、新型材料等新技术在海洋领域的开发和应用力度，谋求科技变革新优势；加快利用新技术改造油气、渔业、旅游等传统海洋产业，加快发展海洋生物医药、海洋新型矿产资源开发等新兴海洋产业及其关键技术，谋求产业发展新优势；加大与边缘海域与重要海洋通道安全相关的深潜、感知、通信、国防等海洋科技开发和应用力度，谋求安全维稳新优势；加强在海洋环境认知、特殊敏感海区观测监测、海洋环境预报、海洋应急救援等技术发展上的投入力度，努力呼吁和加强国际合作，谋求全球海洋治理合作新优势。上述领域成为各主要海洋国家近期及未来战略中布局和发展的重点。

1.4 海洋科技研究热点领域竞争日益激烈

美国国家基金委在2015年发布的《海洋变化：2015—2025海洋科学10年计划》、国际海洋物理协会（IAPSO）与海洋研究科学委员会（SCOR）2017年发布的《海洋的未来：关于G7国家所关注的海洋研究问题的非政府科学见解（2016）》等报告总结归纳了5个方面的海洋科学研究热点前沿，分别为海洋对气候变异性与气候变化的贡献（简称气候变化）；海洋生态系统的生物多样性、复杂性与驱动力（简称生物多样性）；生物地球化学和生态学维度研究变化中的海洋（简称海洋变化）；地质学、物理学和生物学的动能来自海底（简称海底研究）。新技术实现高效收集全球海洋数据（简称新技术应用）5个方面的海洋技术热点，分别为水下运载技术、通用技术、环境观测/监测/探测技术、海洋油气开发技术以及海洋医药。统计显示，近10年来5个海洋科学研究热点前沿领域全球的SCI发文年均增速为9.6%，5个海洋技术热点领域全球的SCI发文年均增速为8.7%，均明显高于海洋领域发文平均6.5%的增速。特别是海洋变化、生物多样性、水下通用技术和水下运载技术等领域发文年均增速分别达到14.3%、11.1%、13.6%及12.9%，反映出这些热点领域得到世界各国的高度关注，科研人员的活跃度较高，竞争日趋激烈。全球海洋变化、深渊海洋探索、极地观测、海洋环境感知、深海运载作业、海洋资源开发利用等领域成为各国主要竞争方向，而人工智能、大数据、物联网等新兴技术的应用将成为海洋技术创新的驱动力。

1.5 国际科技合作网络结构更加紧密

目前全球海洋科技合作网络已形成以美国为中心的全球合作网络以及欧洲、亚洲、美洲等国家之间形成的区域合作网络的新格局。2009年，海洋领域110个国家的发文合作网络密度为0.53，到2018年，合作网络密度提升至0.83，各网络节点的紧密中心性由0.65提升至0.85，表明海洋领域的国际科技合作网络结构越发紧密。美国一直处于国际合作网络的中心，合作网络中的其他节点如德国、法国、英国、日本、中国的网络密度、网络强度也在不断增强，在合作网络中的地位不断提高。

1.6 我国海洋科技创新能力已快速成为世界重要一极

在科研人员数量上，2018年，我国海洋科技领域SCI发文人数占全球总发文人数20%，是美国的1.4倍，居世界首位。在科技产出上，我国贡献了全球约20%SCI论文、10%高被引论文以及10%PCT专利，论文与专利的产出总量排名分别为全球第2位和第3位，对全球的海洋科技发展影响显著。在增长率上，我国海洋领域SCI发文人数量、SCI发文数量、高被引论文数量以及PCT专利数量的2009～2018年年均增速分别为18.5%、17.9%、3%及3%，均位居世界主要海洋国家首位。在海洋技术领域，目前我国领跑技术19项，并跑技术76项，跟跑技术65项，"三跑"比例为11.9∶47.5∶40.6。领跑技术占调查技术总量的12%，覆盖海洋监测/探测技术、海洋生物资源技术、海水淡化及资源综合利用技术、海洋环境保护技术、海洋运输和运载技术子领域。与第五次技术预见相比，我国海洋领域科技创新能力从"跟跑、并跑、领跑"并存，以"跟跑"为主，向"并跑"为主转变。我国在国际海洋科技合作网络中，网络密度由2009年的0.46提升至2018年的0.77，网络合作强度不断加强，显示我国已处于世界海洋科技合作网络的第二圈层。

1.7 我国海洋科技创新能力仍然"大而不强"

虽然我国海洋科技发展迅猛，在世界海洋科技创新能力格局中的地位不断提升，但"大而不强"特征明显。一是全球海洋科技创新的引领力不强。高被引论文美国占全球的50%，而我国仅占10%；SCI论文的篇均被引次数在发文量排名前10的国家中我国处于最后一位；世界领跑技术美国占86%，我国仅占12%，表明我国尚未成为海洋科技创新的主要策源地。二是海洋高新技术企业创新能力不强。我国企业在海洋监测、海洋开发设备、深海装备等方面的产品研发与制造仍与国外存在较大差距，水下传感器、深海电机、ROV电缆、水下电池、通信导航、海底钻机等关键部件产品在较长时间内无法替代国外产品。我国企业在海外布局海洋高技术领域专利仅有165件，国外企业在我国布局的海洋高技术领域有效发明专利约2000件，差距明显。三是海洋科研机构影响力表现不强。2018年全球海洋科研机构ESI论文影响力排名前100的机构中我国仅有3家机构入选，影响力弱于美国、英国、法国、德国与澳大利亚等国的研究机构。四是全球创新资源配置力还不强。我国在全球海洋科技合作网络中处于第二梯队，网络枢纽节点地位尚未确立，全球海洋科技创新中心地位亟待提升。

主要国家海洋科技创新资源布局

2.1 学术研究力量

2.1.1 海洋科学研究机构50强

基于海洋科学领域2012~2018年期间的ESI数据库发文数量、篇均被引次数，筛选出海洋科学研究机构50强。为保证海洋科学研究机构50强更有针对性，海洋科学研究机构50强的选取遵循以下3个原则：一是主要从事海洋科研的研究所、大学及管理机构；二是大学中涉海的学院、实验室、观察站等；三是管理机构中涉海的研究中心、实验室等（表2-1）。

表2-1 海洋科学研究机构50强

序号	机构名称（中文）	机构名称（英文）	缩写	国家	ESI论文数量/篇	ESI篇均被引次数/（次/篇）
1	美国国家海洋和大气管理局	National Oceanic and Atmospheric Administration	NOAA	美国	225	111
2	斯克利普斯海洋研究所	Scripps Institution of Oceanography	SIO	美国	104	135
3	英国国家海洋研究中心	NERC National Oceanography Centre	NOC	英国	98	124
4	伍兹霍尔海洋研究所	Woods Hole Oceanographic Institution	WHOI	美国	96	166
5	德国亥姆霍兹极地海洋研究中心	Alfred Wegener Institute, Helmholtz Centre for Polar & Marine Research	AWI	德国	84	120
6	美国航空航天局戈达德太空飞行中心	NACA, Goddard Space Flight Center	GSFC	美国	71	140

序号	机构名称（中文）	机构名称（英文）	缩写	国家	ESI论文数量/篇	ESI篇均被引次数/（次/篇）
7	英国哈德利气候研究中心	Hadley Centre for Climate Prediction and Research，Met Office，Exeter	MOHC	英国	61	136
8	德国亥姆霍兹基尔海洋研究中心	Helmholtz Center for Ocean Research Kiel	GEOMAR	德国	61	97
9	美国地质调查局	U.S. Geological Survey	USGS	美国	61	87
10	法国海洋开发研究院	French Research Institute for Exploitation of the sea	IFREMER	法国	60	73
11	美国哥大拉蒙特多尔蒂地球观测站	Lamont-Doherty Earth Observatory	LDEO	美国	55	128
12	澳大利亚海洋科学研究所	Australian Institute of Marine Science	AIMS	澳大利亚	55	95
13	日本海洋地球科技研究所	Japan Agency for Marine-Earth Science & Technology	JAMSTEC	日本	53	89
14	加州理工学院喷气动力实验室（与NASA合作）	Jet Propulsion Laboratory	JPL	美国	44	115
15	澳大利亚CSIRO海洋与大气研究所	Csiro Marine and Atmospheric Research Institute	CMAR	澳大利亚	40	153
16	澳大利亚塔斯马尼亚大学海洋与南极科学研究所	Institute for Marine and Antarctic Studies	IMAS	澳大利亚	40	121
17	澳大利亚西澳大学海洋研究所	UWA Oceans Institute	Oceans UWA	澳大利亚	37	148
18	美国华盛顿大学海洋学院	The School of Oceanography，University of Washington	Oceanography UW	美国	33	138
19	中国海洋大学	Ocean University of China	OUC	中国	33	98
20	美国俄勒冈州立大学地球、海洋与大气科学学院	College of Earth，Ocean，and Atmospheric Sciences，Oregeon State University	CEOAS	美国	31	93
21	荷兰皇家海洋研究所	Royal Netherlands Institute for Sea Research	NIOZ	荷兰	29	100
22	加拿大海洋渔业局	Fisheries & Oceans Canada	DFO	加拿大	29	70
23	英国普利茅斯海洋实验室	Plymouth Marine Laboratory	PML	英国	28	112
24	美国罗格斯大学海洋与海岸带研究所	Department of Marine and Coastal Sciences，Rutgers University	DMCS	美国	27	147

序号	机构名称（中文）	机构名称（英文）	缩写	国家	ESI论文数量/篇	ESI篇均被引次数/（次/篇）
25	美国罗塞斯蒂海洋科学学院	Rosenstiel School of Marine and Atmospheric Science	RSMAS	美国	26	108
26	荷兰乌得勒支大学海洋与大气研究所	Institute for Marine and Atmospheric research Utrecht（IMAU）-Utrecht University	IMAU	荷兰	25	143
27	挪威海洋研究所	Institute of Marine Research-Norway	IMR	挪威	25	51
28	美国弗吉尼亚海洋研究所	Virginia Institute of Marine Science	VIMS	美国	24	193
29	德国不莱梅大学海洋环境中心	Center for Marine Environmental Sciences，University of Bremen	MARUM	德国	23	101
30	西班牙国家研究委员会海洋科学研究所	Institute of Marine Sciences	ICM-CSIC	西班牙	22	115
31	美国斯坦福大学霍普金斯海洋研究站	Hopkins Marine Station，Stanford University	HMS	美国	22	96
32	日本东京大学大气与海洋研究所	The Atmosphere and Ocean Research Institute，University of Tokyo	AORI	日本	20	109
33	美国圣巴巴拉大学海洋研究所	Marine Science Institute，UCSB	MSI-UCSB	美国	20	90
34	美国纽约大学石溪分校海洋与大气学院	The School of Marine and Atmospheric Sciences，Stony Brook University	SOMAS	美国	19	119
35	中国科学院海洋研究所	Institute of Oceanology，Chinese Academy of Sciences	IOCAS	中国	16	99
36	美国蒙特利湾海洋研究所	Monterey Bay Aquarium Research Institute	MBARI	美国	15	106
37	厦门大学近海海洋环境国家重点实验室	State Key Laboratory of Marine Environment，Xiamen University	MEL	中国	13	95
38	美国南弗罗里达海洋学院	College of Marine Science，University of South Florida	USFCMS	美国	13	93
39	加拿大维多利亚大学地球与海洋科学学院	Earth and Ocean Sciences - University of Victoria	EOS-UV	加拿大	12	118
40	新西兰奥塔哥大学海洋科学系	Department of Marine Science，University Otago	Marine-UO	新西兰	11	115
41	美国罗德岛大学海洋科学学院	Graduate School of Oceanography-University of Rhode Island	GSO	美国	11	111

序号	机构名称（中文）	机构名称（英文）	缩写	国家	ESI论文数量/篇	ESI篇均被引次数/（次/篇）
42	巴西圣保罗大学海洋研究所	The School for Marine Science & Technology，University Sao Paulo	SMAST	巴西	11	109
43	加拿大纽芬兰纪念大学渔业与海洋研究所	Fisheries and Marine Institute of Memorial University of Newfoundland	MI-MUN	加拿大	11	107
44	中国科学院南海海洋研究所	South China Sea Institute of Oceanology Chinese Academy of Sciences	SCSIO	中国	11	79
45	美国莫斯兰丁海洋实验室	Moss Landing Marine Laboratories	MLML	美国	10	115
46	意大利海洋研究所	The Institute of Marine Sciences（ISMAR）of the Italian National Research Council（CNR）	ISMAR	意大利	9	59
47	美国夏威夷大学海洋地球与科学学院	School of Ocean and Earth Science and Technology	SOEST	美国	7	195
48	加拿大英属哥伦比亚大学海洋科学研究中心	Department of Earth，Ocean and Atmospheric Sciences	EOAS	加拿大	7	81
49	俄罗斯希尔绍夫海洋研究所	Shirshov's Institute of Oceanology RAS	IO RAS	俄罗斯	4	199
50	加拿大达尔豪斯大学海洋系	Department of Oceanography，Dalhousie University	Oceanography-DU	加拿大	4	93

（1）海洋科学研究机构50强综合实力突出。海洋科学研究机构50强高被引论文数量为1 218篇，占全球3 000家涉海机构总量的约60%，被引次数为131 734次，占全球被引总量的62%。说明不到全球2%的涉海机构贡献了超过半数的高引用科研成果，海洋科学前沿研究相对集中。

（2）美国优势显著。海洋50强分布在15个国家。美国共20家机构入选，占比40%，且排名前10的机构中，美国占据5席，显示出绝对优势。美国20家机构包括从事海洋科学研究的研究所如美国伍兹霍尔海洋研究所、美国斯克利普斯海洋研究所、美国蒙特利湾海洋研究所，以及国家机构如美国国家海洋与大气局、美国航空航天局哥达德太空飞行中心，此外还有大学的积极参与，如哥大拉蒙特多尔蒂地球观测站、华盛顿大学海洋学院、罗塞斯蒂海洋科学学院等。这充分反映出美国海洋科学基础研究的支撑优势。中国有4家机构入选，包括中国海洋大学、中国科学院海洋研究所、厦门大学近海海洋环境国家重点实验室、中国科学院南海海洋研究所。

近年来，中国发展迅速，高被引论文也出现了较为快速的增加，但由于基础较为薄弱，排名分别在19、35、37及44位。加拿大入选的机构有5家，海洋科学研究相对来说较为分散，5家机构排名均在20位之后。澳大利亚入选机构4家，排名在10—20。德国、英国各有3家机构入选，荷兰、日本各有2家机构入选，巴西、俄罗斯、法国、挪威、西班牙、新西兰、意大利各有1家机构入选。综合国家海洋科学基础研究表现来看，德国、英国、法国的海洋科研相对集中（图2-1）。

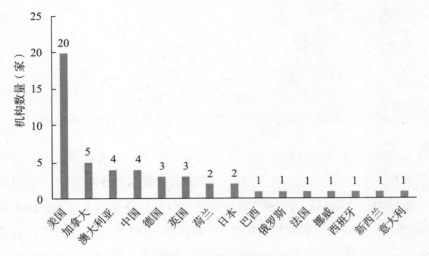

图2-1 海洋科学研究机构50强国家分布

（3）海洋科学研究机构50强影响力表现相对接近，数量差异明显。依据海洋科学研究机构50强高被引论文数量及篇均被引频次均值，将海洋科学研究机构50强划分为4类。第1类：数量及影响力均高于均值，包括美国斯克利普斯海洋研究所、美国伍兹霍尔海洋研究所、美国航空航天局哥达德太空飞行中心、美国加州理工喷气动力实验室、澳大利亚CSIRO海洋与大气研究所、英国国家海洋研究中心等10家机构；第2类：影响力高于均值数量低于均值，包括华盛顿大学海洋学院、罗格斯大学海洋与海岸带研究所、弗吉尼亚海洋研究所等11家机构；第3类：影响力与数量均低于均值，包括罗塞斯蒂海洋科学学院、荷兰皇家海洋研究所等22家机构，中国入选的4家机构也都属于第三类型；第4类：数量高于均值影响力低于均值，包括美国海洋与大气局、日本海洋地球科技研究所等6家机构。总体来说，机构之间影响力的差异要小于数量的差异（图2-2）。

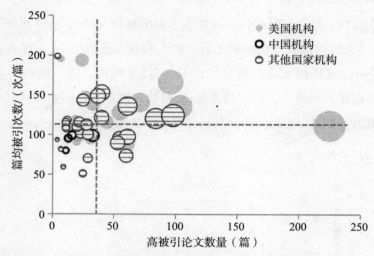

图2-2　海洋科学研究机构50强在高被引论文数量及影响力方面的表现

（4）顶级海洋科研机构表现突出。美国国家海洋和大气管理局、美国斯克利普斯海洋研究所、英国国家海洋研究中心、美国伍兹霍尔海洋研究所、德国亥姆霍兹极地海洋研究中心（原阿尔弗雷德–魏格纳极地与海洋研究所）高被引论文数量入围前5。其中美国占据3席，英国与德国各占1席。排名前5的海洋科研机构高被引论文数量为607篇占50强的37%，被引次数占50强总被引次数的39%。上述海洋科技机构在海洋领域颇具盛名。中国表现最好的是中国海洋大学排名第19位，与顶级的海洋科研机构仍存在一定的差距。

美国国家海洋和大气管理局是隶属于美国商务部的科技部门，主要关注地球的大气和海洋变化，提供对灾害天气的预警，提供海图和空图，管理海洋和沿海资源。美国斯克利普斯海洋研究所是美国太平洋海岸的综合性海洋科学研究机构，其获得诺贝尔奖3项，美国国家科学奖18项，美国国家工程奖2项。

英国国家海洋中心由南安普敦国家海洋中心（成立于2004年）与利物浦普劳德曼海洋实验室整合而成，中心归属于英国自然环境研究委员会（NERC），是英国领先的海洋科学及深海研究与技术开发机构。

美国伍兹霍尔海洋研究所是美国大西洋海岸的综合性海洋科学研究机构，是世界上最大的、私立的、非盈利性质的海洋工程教育研究机构。

德国亥姆霍兹极地海洋研究中心以德国著名的地球物理学家和极地研究者韦格纳的名字命名的韦格纳极地与海洋研究所，围绕极地研究规划开展研究活动，重点是海洋、大气、冰的相互作用，生态系统，南极大陆边缘海海洋沉积物等的研究。

2.1.2 全球海洋科研研究人员分布情况

期刊论文是基础研究产出的直接体现，是衡量基础研究实力的重要依据。报告采用海洋科学领域论文数据作为基础数据源，通过分析科学引文索引数据库（SCI）以及基本科学指标数据库（Essential Science Indicators，ESI）收录海洋领域论文发文作者情况，对全球海洋科研人员分布进行研究。

海洋科学领域的论文检索采用了分类检索、关键词检索、期刊检索、机构检索等综合检索方式，范围包含了海洋科学的各个领域及*Science*和*Nature*等多学科期刊上发表的有关论文等。报告利用Web of Science科学检索并获得数据，检索时间为2014年1月1日～2019年3月31日，检索SCI论文约19万篇，涉及作者约35万人，高被引论文数据约2 500篇，涉及作者约1.8万人。高被引论文是依据科瑞维安基本科学指标数据库（Essential Science Indicators，ESI）按领域和出版年统计的引文数量排名前1%的论文。

（1）总体趋势

全球海洋科研活动较为活跃。全球超过80%的国家参与到海洋科研的活动中。海洋领域的论文数量和作者人数都呈现逐年增长的态势，其中发文数量的年均增长率为6.5%，发文作者数量的年均增长率为6.7%。

（2）国家分布

近5年来，我国海洋领域SCI发文作者约6.7万人，占全球总发文人数的19%，略高于美国，同时我国SCI发文年度增长率以及作者数量保持了快速的增长，增速分别为17.9%与18.5%，高于美国14和17个百分点。具有人员优势，但中国的人均产出约为0.5篇/人，低于全球平均值0.6篇/人。相关数据见图2-3。

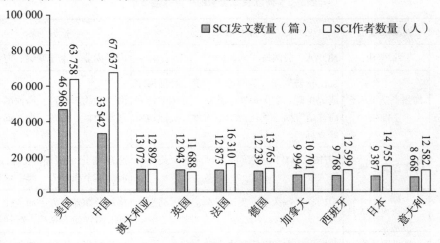

图2-3 海洋领域主要国家SCI发文数量及作者数量

2013～2018年，在高被引论文方面，中国在发文数量和作者数量上位于第二位，美国位于第一位。但我国与美国的差距较大。我国ESI发文增速为3%，低于SCI发文的数量增速。美国在发文数和作者数量上略微下降。相关数据见图2-4。

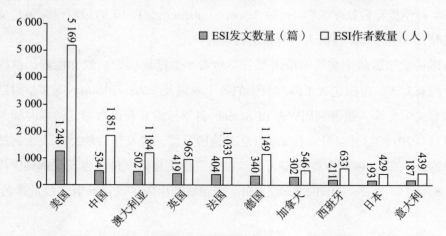

图2-4　海洋领域主要国家ESI发文数量及作者数量

（3）创新策源地

美国海洋基础科学人才主要分布在东西海岸以及南部海岸、五大湖地区，同时内陆地区也有零星分布。初步统计美国80%的州有海洋科研人员的分布。英国、法国、德国、西班牙、意大利海洋科研非常活跃。澳大利亚主要集中在东海岸。我国主要分布在海岸带沿线，我国内陆城市哈尔滨、武汉也具有较强的实力。海洋领域全球创新策源地分布见表2-2。

研究前沿基于创新策源地ESI论文进行总结。

表2-2　海洋领域全球创新策源地分布

国家	创新策源地	重点机构	研究前沿
美国	西雅图	NOAA、美国海洋渔业局	海洋渔业、全球变暖、海洋酸化
	加州圣迭戈-圣克鲁兹	Scripps研究所、美国加州大学、美国海军研究生院、美国海军实验室、美国蒙特利海洋研究所、美国斯坦福大学、美国地质调查局	海洋生物多样性、海洋酸化、微塑料垃圾、极地、海洋渔业
	麻省波士顿	WHOI、MIT、美国波士顿大学、美国哈佛大学	全球变化、碳循环、极地、深海、水下机器人、海洋仪器
	华盛顿地区	美国华盛顿大学、美国海军、美国马里兰大学	格林兰冰盖、海平面变化、碳循环、海洋生态系统、海洋渔业
	弗罗里达州	弗罗里达大学、迈阿密大学	海洋酸化、生物地球化学模型

续表

国家	创新策源地	重点机构	研究前沿
美国	北卡罗来纳州	美国杜克大学	海洋渔业管理、海洋真菌
	博尔得	NOAA	高精度气候模型、气候模型的敏感度
英国	伦敦	英国伦敦大学、英国伦敦大学学院	真核浮游生物多样性、海洋原生生物多样性、大西洋深经向翻转环流、卫星高度计观测海洋平面变化
	南安普敦	英国国家海洋中心、南安普敦大学	生物多样性、碳循环、海平面变化、海洋酸化
法国	巴黎	法国巴黎大学、法国国家科学研究中心	气候模型、SMOS反演算法、生物地球化学模型、刚果深海扇沉积、地中海酸化、基因多样性
	布雷斯特	IFREMER、法国布雷斯特大学	有害藻华、刚果深海扇沉积
德国	基尔	德国亥姆霍兹基尔海洋研究中心、德国基尔大学	海洋酸化、海洋低氧带、碳汇、极地
西班牙	巴塞罗那	西班牙巴塞罗那大学、西班牙国家研究委员会	深海渔业、微藻处理
意大利	罗马	意大利罗马大学、意大利国家科学委员会	波浪能
俄罗斯	莫斯科	俄罗斯莫斯科罗蒙诺索夫州立大学、俄罗斯科学院	—
中国	青岛、北京、天津、烟台、大连	自然资源部第一海洋研究所、中国海洋大学、中国科学院海洋研究所、中国水产科学研究院黄海水产研究所、中国科学院大气物理研究所、中国科学院地理科学与资源研究所、北京大学、清华大学、中国地质大学、中国石油大学、天津大学、国家海洋技术中心、大连理工大学、大连海事大学、国家海洋环境监测中心	全球海洋–大气–陆地系统模型、鱼类基因、珍珠贝、鱼油、水下机器人控制
	上海、杭州、南京、舟山	上海交通大学、上海海洋大学、上海海事大学、浙江大学、自然资源部第二海洋研究所、南京大学、河海大学、南京信息工程大学、浙江海洋大学	海洋工程、水下机器人控制
	广州、厦门	中国科学院南海海洋研究所、暨南大学、中山大学、自然资源部第三海洋研究所、厦门大学	微生物基因组、水下机器人控制

续表

国家	创新策源地	重点机构	研究前沿
日本	东京	日本东京大学、日本东京技术大学、日本农业大学	鱼类环境DNA
澳大利亚	悉尼	悉尼大学、南威尔士大学、麦考瑞大学、悉尼海洋研究所	海洋酸化、海洋生态系统、海洋盆地重建、海平面变化
	墨尔本	CSIRO海洋与大气研究所、墨尔本大学	北极海冰消融、全球变暖

2.1.3 我国海洋科研机构及人员分布情况

（1）海洋科研机构数

根据中国海洋统计年鉴数据显示，我国从事海洋科研机构数呈现逐年增加的态势。同时也有越来越多的高校、科研院所关注海洋，纷纷设立海洋研究部门（图2-5）。内陆从事船舶、石油研究的机构在海洋领域也表现出了较强的实力。

图2-5 我国海洋科研机构数量年度变化趋势

（2）海洋高端人才分布情况

海洋高端研发人员主要包括海洋科研领域的两院院士、国家杰出青年科学基金获得者、长江学者奖励计划入选者、"海外高层次人才引进计划"（"千人计划"）及"青年千人计划"入选者、国家高层次人才特殊支持计划（"国家特支计划"或称国家"万人计划"）入选者、中科院"百人计划"入选者，涉海高端研发人员名单主要来源为科技部、教育部、组织部及中科院等部委网站公开信息。

截至2019年6月，根据对海洋高端人才进行统计显示，我们国家目前形成了环渤海湾、长三角、珠三角三大主要海洋人才集聚区域。其中，青岛涉海高端人才数量优势明显，院士、国家杰出青年科学基金获得者、长江学者奖励计划入选者，以及"千人计划"、国家"万人计划"、中科院"百人计划"入选者合计95人，占比24%，排名第一位，接近排名第二位广州人数的2倍。其中，在青岛的涉海院士、杰出青年科学基金获得者、长江学者奖励计划入选者、国家"万人计划"入选者均居首位，"千人计划"入选者以及中科院"百人计划"排名第二位。

2.2 产业研发力量

2.2.1 基于PCT专利的海洋研发主要企业分析

参照第六次国家海洋技术预见体系，截至2019年6月，全球海洋领域的发明授权有效PCT专利数量为5 200件。我国海洋领域发明授权有效的PCT专利数为563件，其中我国企业布局的PCT不足300件，说明我国是海洋技术研发重点关注的市场。其他为科研院所布局。值得注意的是，国外在我国布局的发明授权有效的PCT专利数2 706件，目前，海洋领域主要的PCT专利的申请人集中在造船企业、石油公司等（表2-3）。

表2-3 海洋领域PCT专利主要申请企业

序号	中文名称	英文名称	国家	PCT专利关键词
1	三菱重工	MITSUBISHI HEAVY INDUSTRIES	日本	船舶
2	法国国有船舶制造公司	DCNS	法国	船舶；水下潜器
3	德国阿特拉斯电子公司	ATLAS ELEKTRONIK	德国	声呐
4	韩国大宇造船海洋株式会社	DAEWOO SHIPBUILDING & MARINE ENGINEERING	韩国	船舶
5	哈里伯顿能源服务集团	HALLIBURTON ENERGY SERVICES	美国	钻井
6	斯伦贝谢公司	SCHLUMBERGER TECHNOLOGIES	法国	海床；水下；立管
7	瑞士单浮标系泊有限公司	SINGLE BUOY MOORINGS	瑞士	浮标
8	法国泰雷兹集团	THALES	法国	声呐；水下潜器
9	意大利萨伊博姆公司	SAIPEM	意大利	水下输油管；原油
10	英国海底七有限公司	SUBSEA 7 S. A.	英国	海床；海底；AUV；ROV

2.2.2 我国海洋高技术产业领域企业创新情况分析

基于《中华人民共和国海洋行业标准：海洋高技术产业分类》（HY/T130—

2010），青岛市科学技术信息研究院联合中国专利技术开发中心、华智数创（北京）科技发展有限责任公司，构建了我国海洋高技术产业专利数据库。该数据库共涉及五大产业技术领域，19个产业技术门类，48个产业技术中类，163个产业技术小类。数据目前更新至2018年7月1日。

我国海洋高技术产业领域拥有发明授权专利总数约为1.2万件，其中企业发明授权专利数约为5 000件，占比41.7%。据国家知识产权局发布的专利统计数据显示，2018年国内企业有效发明专利平均维持年限为6.4年，海洋高技术产业领域专利平均维持年限约为7年，略高于平均水平。我国海洋高技术产业领域发明授权专利在海外布局较少，仅有165件，占总数的约3%，其中PCT专利148件，美国发明专利79件，日本发明专利57件，欧洲专利局发明专利49件，韩国发明专利40件。在领域分布方面，我国侧重海洋开发及海洋装备制造，而国外在华布局的专利除了海洋开发与海洋装备制造外，在海洋新材料及海洋探测领域专利布局也表现较为突出。

在海洋高技术产业领域，企业有效发明专利持有者主要集中在中国海洋石油集团有限公司、中国石油天然气集团有限公司、中国石油化工总公司以及国家电网等大型国企。美国和日本在我国布局的专利数量最多，分别为492件及320件；其次是荷兰181件、德国165件、挪威150件及法国132件。英国、韩国等国家在我国也有相关的专利布局。国外主要的企业包括东丽株式会社、国际壳牌研究有限公司、通用电气公司、伊特里克公司、西门子公司、三菱重工业株式会社、伊特雷科公司、阿克海底公司、三星重工业株式会社、IHC荷兰IE有限公司、PGS地球物理公司等。国外企业有效发明专利主要集中在海洋资源开发和海洋工程装备制造上，占总量的82%，其次分布在海洋新材料和海洋探测技术上，海洋高技术服务业相关专利最少。因此，和我国的海洋高技术产业领域专利重点研发方向与布局相比，国外企业在华布局更侧重海洋装备制造和海洋探测领域。

2.3 海洋领域项目资助情况对比

国家自然科学基金委员会（NSFC）海洋领域及深海专项项目立项数量约6 720项，资助经费累计金额57.86亿元人民币，约8.74亿美元。其中，NSFC基金项目库中海洋科学项目（D06，包括物理海洋学、海洋物理学、海洋地质学、海洋化学、河口海岸学、工程海洋学、海洋监测、调查技术、海洋环境科学、生物海洋学与海洋生物资源、海洋遥感、极地科学等）3 950项，资助经费金额225 919万元；海洋工程项目（E0910，包括海洋工程的基础理论、船舶和水下航行器、海洋建筑物与水下工程、海上作业与海事保障、海洋资源开发利用）1 160项，资助经费金额51 690万元；其他学科中涉及海洋、水下等主题词的项目共1 497项，资助经费金额79 446万元。另外，国家重点研发计划"深海关键技术与装备"重点专项自2016年以来立项113项，资助经费221 497万元，主要资助方向包括深海运载探测及战略资源开发、海洋酸化、南海、海洋环境、水下机器人、海洋天然产物、海气相互作用、海洋微生物、北冰洋、地震海洋学、海洋碳循环、古海洋学等。

美国国家科学基金会（NSF）项目数据库中检索海洋领域相关项目得到结果7 113项，资助经费约50.74亿美元，项目资助金额遥遥领先于其他国家和地区，主要资助研究领域涉及海洋观测计划OOI、海洋科学钻探船的操作与维护、国际综合大洋发现计划IODP、海洋生物、物理海洋、海洋化学、海洋地质与地球物理、区域级科考船、阿拉斯加地区专用科考船ARRV的建造等。从项目资助方向来看，美国NSF对基础设施建设（学术研究船队、IODP、OOI等）的投入居高不下。2009年以来，海洋科学司OCE资助金额超过1亿美元的项目有6项，均为对重大基础设施和计划的投入，包括国际综合大洋发现计划IODP设施JOIDES Resolution "乔迪斯·决心号"、海洋观测计划OOI科研设备设施、区域级科考船RCRV的持续投资。科学研究方面，主要支持海洋环流与气候变化、海洋生态系统的健康、海洋化学特性的变化、海洋酸化、海洋边缘地质和海底调查，以及由地震、火山爆发引起的自然灾害研究和海洋深部微生物生命的研究等。

欧盟"地平线2020（H2020）"项目数据库2014年以来在海洋领域资助的项目仅有453项，但资助金额高达13.57亿欧元，约16.02亿美元。H2020作为欧盟有史以来最大规模的研究和创新项目，注重整合欧洲科研资源，加强成员国之间的统筹和协调，海洋领域项目平均资助强度相对较大。资助方向主要有可再生能源开发利用（包括波浪能、潮汐能、风能等）、极地与气候变化、海洋环境、海洋生物与药物、海水养殖与海洋渔业、海洋油气开发、智能水下机器人等。

英国研究与创新署（UKRI）项目数据库中2009年以来海洋领域资助的项目有2 313项，资助金额11.36亿英镑，约15.17亿美元。资助方向主要涉及海洋可再生能源（包括波浪能、潮汐能、风能等）、极地研究与气候变化、海洋环流、海洋生物地球化学等。

日本科研补助金数据库（KAKEN）中2009年以来海洋领域资助的项目有6 271项，资助金额695.65亿日元，约6.30亿美元，项目数紧随美国、中国之后，但在资助力度上相对较低。主要资助方向包括地震海啸观测、预测及防灾研究，海底资源探测调查研究，极地研究，气候系统，海洋生态系统等。

在资助方向上，各国都围绕海洋生物、物理海洋、海洋化学、海洋地质与地球物理等领域展开，不同点在于：中国启动"深海关键技术与装备"重点专项，力求突破制约其在深海领域发展能力的核心共性关键技术；美国对基础设施建设投入最高；欧盟和英国偏重海洋可再生能源开发利用；日本则更加注重地震海啸观测、预测及防灾研究。

海洋领域相关战略布局　3

3.1 主要国家和组织战略、规划梳理

海洋的战略地位日趋凸显，海洋领域已成为各国提高综合国力和争夺战略优势的制高点。美国、欧盟、日本、韩国等主要海洋国家和地区都积极在海洋领域进行部署。截止到2019年3月研究梳理了2014年以来海洋领域相关的战略、规划共35项。其中国际组织6项，中国5项，美国11项，欧盟4项，英国4项，日本2项，德国、加拿大、澳大利亚各1项，详见表3-1。

从科技本身的发展趋势看，新一轮技术革命加速，世界主要国家纷纷加大新一代信息技术、生物基因、新型材料等新技术在海洋领域的开发和应用力度。一方面拓展了新一轮技术革命的范围，另一方面掀起了海洋科技与通用技术融合发展的新一轮高潮。

从国际安全与政治环境看，国际地缘政治格局重心进一步转移，边缘海域与重要海洋通道安全成为美国、俄罗斯、中国、日本等国家关注的热点，与之相关的深潜、感知、通信、国防等海洋科技领域竞争日益加剧，关键技术的自主可控成为焦点。

从全球经济与海洋产业发展看，全球经济增长的进一步放缓，国际贸易格局面临调整，传统产业增长乏力，美国、欧盟、中国、日本都不同程度地表现出加快利用新技术改造油气、渔业、旅游等传统海洋产业及加快发展海洋生物医药、海洋新型矿产资源开发等新兴海洋产业及其关键技术的意图。大数据、人工智能、新一代信息技术、生物基因等新技术应用成为热点和重要推动力。

从环境保护与社会发展看，海洋污染越来越被认为是制约人类健康与生活质量

进一步提升的重要因素，海平面上升与极端天气事件加剧直接威胁部分社会群体的生存与持续发展，海洋环境变化问题成为人类命运共同体面临的必须应对的问题之一。为此，世界主要国家进一步加强在海洋环境认知、特殊敏感海区观测监测、海洋环境预报、海洋应急救援等技术发展上的投入力度，努力呼吁和加强国际合作，进一步健全完善携手应对海洋环境变化、抵御海洋环境风险的全球机制。

表3-1　主要国家及组织海洋领域主要战略、规划梳理

国家	名称	发布机构	发布时间
中国	《"十三五"海洋领域科技创新专项规划》	科技部、国土资源部、国家海洋局	2017.5
	《全国海洋经济发展"十三五"规划》	国家发展改革委、国家海洋局	2017.5
	《海洋可再生能源发展"十三五"规划》	国家海洋局	2016.12
	《全国海水利用"十三五"规划》	国家发展改革委、国家海洋局	2016.12
	《全国科技兴海规划（2016—2020）》	国家海洋局、科技部	2016.12
美国	《美国国家海洋科技发展：未来十年愿景》	美国国家科技委员会	2018.11
	《持续推进海洋观测以充分了解地球未来气候变化》	美国国家科学、工程和医学科学院（NAS）	2017.10
	《海洋变化：2015—2025海洋科学10年计划》	美国科学基金会（NSF）	2015.1
	《北极研究计划（2017—2021）》	美国政府	2016.12
	《2017—2018北极研究目标及规划报告》	美国北极研究委员会	2016.12
	《扩大海上石油钻探活动的行政令》	美国总统执行办公室	2017.4
	《深海研究计划》	美国海洋能源局、地调局	2017.9
	《美国联邦海洋酸化研究和监测战略计划的实施分析》	美国白宫科技政策办公室（OSTP）	2016.12
	《21世纪海洋力量联合战略》	美国海军、海岸警卫队	2015
	《美国海军科学技术战略》	美国海军研究局	2015
英国	《预见未来海洋》	英国政府科学管理办公室	2018.3
	《2050海洋战略》	英国政府	2017.11
	《全球海洋技术趋势2030》	英国劳氏船级社（LR）、奎纳蒂克集团（QinetiQ）和南安普敦大学	2015
爱尔兰	《国家海洋研究和创新战略（2017—2021）》	爱尔兰海洋研究所	2017.6
德国	《国家海洋技术总体规划》	德国经济和能源部	2018

国家	名称	发布机构	发布时间
日本	《海洋科技研发计划》	文部科学省	2017.1
	第三期《海洋基本计划》	日本政府	2018.5
加拿大	《加拿大海洋保护计划》	加拿大政府	2016
澳大利亚	《引领澳大利亚蓝色经济发展：国家海洋计划2015—2025》	澳大利亚国家海洋科学委员会	2013
国际组织	《G20海洋垃圾行动计划》	二十国集团（G20）	2017.9
	《海洋的未来：关于G7国家所关注的海洋研究问题的非政府科学见解（2016）》	国际海洋物理协会、海洋研究科学委员会	2017
	《海洋科学可持续发展国际十年提案（2021—2030）》	联合国教科文组织政府间海洋学委员会	2016
	《海平面上升对亚洲发展中国家经济增长的影响》	亚洲开发银行（ADB）	2017.1
	《北极综合研究——未来路线图》	国际北极科学委员会	2016.2
	《北冰洋海洋世界自然遗产：专家研讨会和审查过程报告》	世界自然保护联盟（IUCN）	2017.4
欧盟	《第四次导航未来》	欧洲海洋局（EMB）	2013.6
	《潜得更深：21世纪深海研究面临的挑战》	欧洲海洋局（EMB）	2015.9
	《欧洲海洋能源战略路线图》	欧盟委员会	2016.11
	《海洋生物技术战略研究及创新路线图》	欧洲海洋局（EMB）	2017

3.2 主要国家和组织战略解读

3.2.1 中国聚焦深水、绿色、安全领域，加快建设海洋强国

中国海洋战略以建设海洋强国为目标，突出维护海洋主权和权益、开发海洋资源、保障海上安全、保护海洋环境四大需求，按照"立足近海，聚焦深海，拓展远海"的思路，聚焦深水、绿色、安全领域，着力大幅提升对全球海洋变化、深渊海洋、极地的科学认知能力；快速提升深海运载作业、海洋资源开发利用的技术服务能力；显著提升海洋环境保护、防灾减灾、航运保障的技术支撑能力；完善以企业为主体的海洋技术创新体系，有效提升海洋科技创新和技术成果转化能力。我国海洋科技相关战略要点见表3-2。

表3-2 我国海洋科技相关战略要点

名称	要点
《"十三五"海洋领域科技创新专项规划》	明确了"立足近海，聚焦深海，拓展远海"的发展思路，重点提出要实施深海探测技术研究、海洋环境安全保障、深水能源和矿产资源勘探与开发、海洋生物资源可持续开发利用、极地科学技术研究等海洋科技重大任务。
《全国海洋经济发展"十三五"规划》	在海洋科技创新上提出强化海洋重大关键技术创新，促进科技成果转化，提升海洋科技创新支撑能力和国际竞争力，深化海洋经济创新发展试点，推动海洋人才体制机制创新等重点任务，以及着力优化海洋经济区域布局，提升海洋产业结构和层次，推进海洋生态文明建设，科学统筹海洋开发与保护，扩大海洋经济领域开放合作等其他重点任务，在"十三五"期间着力推动海洋经济由速度规模型向质量效益型转变。
《海洋可再生能源发展"十三五"规划》	以显著提高海洋能装备技术成熟度为主线，通过推进海洋能工程化应用、积极利用海岛可再生能源、实施海洋能科技创新发展、夯实海洋能发展基础、加强海洋能开放合作发展等重点任务，实现海洋能装备从"能发电"向"稳定发电"转变，务求在海上开发活动电能保障方面取得实效，加速我国海洋能商业化进程。
《全国海水利用"十三五"规划》	以扩大海水利用规模、培育壮大产业为主线，提升海水利用创新能力和国际竞争力，提高关键装备材料的配套能力，完善产业链条，发展蓝色经济，提高海水利用对国家水安全、生态文明建设的保障能力。
《全国科技兴海规划（2016—2020）》	进一步创新体制机制，着力构建符合科技创新规律和市场经济规律的海洋科技成果转移转化体系，加快高新技术成果转化，加强公益技术支撑服务，营造海洋领域大众创业、万众创新的良好氛围，促进海洋生态文明建设，推动海洋经济迈向国际中高端水平。

3.2.2 国际组织围绕人类福祉重点关注海洋污染问题

以联合国下属机构为代表的国际组织围绕"人类共同福祉"开展相关布局，重点关注领域包括生态环境保护、海洋资源可持续利用、海洋垃圾污染问题、北极地区环境变化问题、海洋可再生能源问题等。国际组织海洋科技相关战略要点见表3-3。

表3-3 国际组织海洋科技相关战略要点

名称	要点
《G20海洋垃圾行动计划》	减少海洋垃圾行动的优先领域和潜在的政策措施制订计划。
《海洋的未来：关于G7国家所关注的海洋研究问题的非政府科学见解（2016）》	聚焦海洋塑料污染、深海采矿及其生态系统影响、海洋酸化、海洋升温、海洋失氧、生物多样性丧失、海洋生态系统退化七大海洋科学问题，呼吁加强对长时间/大规模观测的资助、加强新技术在观测和数据获取中的应用、加强对跨学科研究的鼓励和支持、充分利用现有的国际协调机制等。

名称	要点
《海洋科学可持续发展国际十年提案（2021—2030）》	加强海洋和海洋资源的可持续利用；理解和量化生物地理学区域和海洋保护区的潜在作用；海洋环境知识的扩大使用，包括数据管理、数据采集、模拟、预测海洋食物生产力和评估其满足不断增长的需求的能力；发展海洋经济，包括分析海洋资源可持续利用和科学管理的经济和社会价值；沿海生态系统的可持续管理；涉及气候变暖、海洋酸化和栖息地破坏。
《海平面上升对亚洲发展中国家经济增长的影响》	分析海平面上升对亚洲发展中国家经济的影响及适应成本，论述全球海平面上升的适应策略。
《北冰洋海洋世界自然遗产：专家研讨会和审查过程报告》	对北极世界海洋自然遗产的现状、北冰洋可申请世界遗产的海洋生态区、《世界遗产公约》缔约方保护北极自然遗产的措施等进行详细分析。
《第四次导航未来》	欧洲海洋研究未来的优先研究领域。① 理解海洋生态系统及其社会效益。② 变化的地球系统中的海洋变化：海平面变化；海岸侵蚀；温度和盐度变化；冰融化；风暴频率及强度；变化的海洋层结；温盐环流变化；河道流量与营养负荷；海洋酸化；海洋脱氧及近海低氧；气候变化对海洋富营养化的影响；生物影响。③ 海洋及沿海空间的安全及可持续利用。④ 可持续的海洋渔业。⑤ 海洋及人类健康。⑥ 深海资源可持续利用。⑦ 极地海洋科学。
《潜得更深：21世纪深海研究面临的挑战》	提出未来深海研究的目标与相关关键行动领域：① 加强对深海系统的认知。② 评估深海各种驱动力、压力及其影响。③ 促进跨学科研究以应对深海的各种复杂挑战。④ 创新资助机制以填补知识空白。⑤ 提升用于深海研究和观测的技术与基础设施。⑥ 培养深海研究领域的人才。促进并扩大在研究、政策与产业领域的培训和就业机会；兼顾科研和技术专家的需求。⑦ 提升深海资源的透明度及数据的开放获取，并对其进行恰当的管理。⑧ 向全社会展示有关深海的研究成果，以激励和教育公众爱护深海生态系统、商品和服务。
《欧洲海洋能源战略路线图》	① 研发和原型机：通过一个阶段性技术发展过程，研发子系统和设备。② 示范和试商用：建立一个投资支持基金，支持海洋能源发电厂。③ 示范和试商用：建立欧洲保险和担保基金，以降低项目风险。④ 通过综合性计划措施，降低环境风险，降低环境许可审批难度。
《海洋生物技术战略研究及创新路线图》	绘制了欧盟海洋生物技术研究和创新发展路线图，是对欧盟2012年提出的"蓝色增长战略"的重要反馈。

3.2.3 美国注重保持海洋科技、经济、军事领域全方位的领先优势

在海洋相关领域，美国持续发布一系列战略规划，范围涵盖海洋科学、技术、经济、环保、教育、军事等多个方面，意在确保其在海洋相关领域的全面领导地位。在海洋科技领域，美国的战略报告既包括整个海洋领域前沿的科学规划，也包括针对海洋酸化、海洋观测系统（IOOS）、珊瑚礁生态系统以及海洋垃圾出台的专题规划。在经济方面，强调通过先进的渔业管理方法，最大限度地减少海洋渔业的

进口，增加就业机会，同时注重海洋矿产资源的开发利用。在军事方面，首次将海军科学技术发展规划升级为"战略"，发展海军特色装备，具备全球重要、复杂和争议海域进入能力、核威慑能力、局部沿海地区的封锁和遏制能力、军事火力投射能力和国家海事安全保障能力。总体看，美国最新海洋战略更加综合、全面、平衡，在奥巴马时期突出海洋认知、环保与可持续的基础上，进一步突出了开发海洋资源、繁荣海洋经济与保障海事安全，将维持美国海洋优势的全面性提升到新水平。美国最新海洋战略突出强调新一代信息技术和数据整合的重要性，意在利用新型传感器、人工智能、大数据技术改造提升美国传统海洋基础设施和人才技能水平，实现美国传统海洋优势的现代化，保障美国获得并维持海洋领域的全面领先新优势。美国海洋科技相关战略要点见表3-4。

表3-4　美国海洋科技相关战略要点

名称	要点
《美国国家海洋科技发展：未来十年愿景》	从了解地球系统中的海洋、促进经济繁荣、确保海事安全、保障人类健康、打造强适应性沿海社群5个方面确定了2018—2028年间海洋科技发展的目标，以及未来十年推进美国国家海洋科技发展的18个领域与101个优先事项。
《持续推进海洋观测以充分了解地球未来气候变化》	建议美国持续推进海洋观测计划各方面资助力度，建立能充分协调非营利组织、慈善组织、学术界、美国联邦机构和商业部门之间关系的专门机构，以确保美国在全球海洋观测系统中的领导地位。
《海洋变化：2015—2025海洋科学10年计划》	未来10年美国海洋科学应优先关注8个科学问题：① 海平面变化；② 河口海洋及其生态系统；③ 气候及其变化；④ 生物多样性；⑤ 海洋食物网；⑥ 海洋盆地形成和演化；⑦ 预测海洋灾害的能力；⑧ 海床环境。
《北极研究计划（2017—2021）》	应对北极的经济、环境和文化挑战，确保美国在北极研究方面的引领地位。
《2017—2018北极研究目标及规划报告》	阐明了美国2017—2018年北极研究的主要目标及具体研究内容。
《南极海洋保护区建设计划》	美国和欧盟的24个成员国同意在南极罗斯海建立全球最大海洋保护区。
《深海研究计划》	美国东南沿海深海资源的勘探开发。
《美国联邦海洋酸化研究和监测战略计划的实施分析》	对美国相关机构（如NOAA）的海洋酸化研究活动进行了整体评估。
《21世纪海洋力量联合战略》	提出了21世纪美国海洋军事力量的5项能力：全球重要、复杂和争议海域进入能力，核威慑能力，局部沿海地区的封锁和遏制能力，军事火力投射能力和国家海事安全保障能力。

名称	要点
《美国海军科学技术战略》	首次将海军科学技术发展规划升级为"战略";全面更新美国海军科学技术发展重点领域;聚焦新领域成为美国海军科技发展重要方向;发展海军特色装备仍是美国海军的投资重点;基础研究将得到高度重视和重点扶持。

3.2.4 英国强调英国国家优先,保持全球海洋枢纽的地位

英国强调要发挥相关科技能力,实现英国的海洋利益,并为英国在全球的领导地位提供支撑。在海洋经济方面,英国希望保持全球海洋枢纽的地位。此外,英国劳氏船级社(LR)、奎纳蒂克集团(QinetiQ)和南安普敦大学联合评估了2030年全球商业海运、海军和海洋空间领域可能开发和实施的关键技术。英国海洋科技相关战略要点见表3-5。

表3-5 英国海洋科技相关战略要点

名称	要点
《预见未来海洋》	从海洋经济发展、海洋环境保护、全球海洋事务合作、海洋科学等4个方面,分析阐述了英国海洋战略的现状和未来需求。报告指出,应充分发挥相关科技能力,实现英国的海洋利益,并为英国在全球的领导地位提供支撑。
《2050海洋战略》	保持英国作为全球海洋枢纽的地位。近期目标是将英国打造成为试验和开发自主船舶以及吸引外来投资和国际业务的最佳场所。通过开拓使用虚拟现实和增强现实技术发挥英国在海员培训中的地位。中期目标包括2030年在英国的一个港口成立一个创新中心。
《全球海洋技术趋势2030》	采用地平线扫描法,评估了2030年全球商业海运、海军和海洋空间领域可能开发和实施的56项关键技术,并根据其商业技术可行性、潜在市场能力和相关领域的影响力等,着重关注其中18项技术,包括:机器人、传感器、大数据分析、推进和驱动、先进材料、智能船舶、自主控制、先进制造、可持续能源生产、船舶建造、碳捕获和储存、能源消耗监控、网络和电子战争、海洋生物技术、人机交互、深海采矿、人类增强和通信技术等。

3.2.5 德国重点支持海洋技术行业,维持制造基地地位

德国将可持续发展作为蓝色增长的综合长期目标,为日益增长的海洋开发利用提供可持续和环保的手段,推广现有和新兴海洋市场的新技术,支持推动与市场需要相匹配的产品开发。在造船业、海洋供应业以及海洋技术和海洋能源技术领域,在现有基础上增加高端就业岗位。维护高端船舶制造,确保出口能力(系统技术、物流、航运路线),开发未来海洋市场。强调维持国家制造基地地位,强化持续创新,并将其视为稳固在世界市场上地位的保障以及开拓新市场的前提。德国海洋科

技相关战略要点见表3-6。

表3-6 德国海洋科技相关战略要点

名称	要点
《国家海洋技术总体规划》	继续深化海上风能、海洋油气、水下工业技术、民用航行安全保障、深海采矿；发展5个特种船舶制造、绿色航运、未来港口技术、工业/海洋4.0以及极地技术

3.2.6 日本积极发展海洋高新技术，成为"世界海洋的指针"

日本海洋政策重点从资源开发调整至海洋安全保障领域。最大限度地利用海洋资源与潜力，完善海洋产业，确保海洋的可持续性开发、利用和保护，实施最先进的海洋技术创新性研发，完善海洋观测和调查技术手段，强化国民整体海洋意识，促使日本成为"世界海洋的指针"。日本海洋科技相关战略要点见表3-7。

表3-7 日本海洋科技相关战略要点

名称	要点
《海洋科技研发计划》	阐述未来海洋科技发展的重点方向：海洋综合研究与经营管理；海洋资源开发与利用；海洋防灾减灾；基础技术开发与未来产业创造；海洋基础研究
第三期《海洋基本计划》	海洋政策重点从资源开发调整至海洋安全保障领域。最大限度地利用海洋资源，完善海洋产业，确保海洋可持续性开发、利用和保护，实施最先进的海洋技术创新性研发，完善海洋观测和调查技术手段，强化国民整体海洋意识，促使日本成为"世界海洋的指针"

3.3 主要国家和组织战略关注重点

3.3.1 基础研究

美国国家基金委在2015年发布的《海洋变化：2015—2025海洋科学10年计划》、国际大地测量和地球物理联合会（IUGG）下的国际海洋物理协会（IAPSO）与国际科学理事会（ICSU）下的海洋研究科学委员会（SCOR）2017年发布的《海洋的未来：关于G7国家所关注的海洋研究问题的非政府科学见解（2016）》中对海洋基础研究进行了详细分析。目前，两份报告共同指出海洋领域基础研究聚焦在① 海平面变化的速率、机制、影响及地理差异；② 海洋酸化；③ 海洋生物化学和物理过程对当前的气候及其变化的影响机制；④ 生物多样性退化和生态系统；⑤ 海洋微塑料垃圾污染；⑥ 海洋灾害的预测及对沿海社区的影响。

3.3.2 海洋技术

普遍认为大数据分析成为海洋技术创新的驱动力。装备向网络化、小型化、高精度、低能耗、智能化方向发展。具体技术涉及大数据分析、机器人、传感器、推进和驱动、先进材料、智能船舶、自主控制、先进制造、可持续能源生产、船舶建造、碳捕获和储存、海洋生物技术、深海采矿、海洋通信技术等。

3.3.3 海洋产业

传统海洋产业造船、海洋运输、港口、渔业等仍是海洋经济的主要构成部分。重视生物资源充分利用，包括海水养殖业，开发药物、化妆品，同时加快对非生物资源的开发利用。总体上，注重优化海洋专属经济区及公海的可持续利用，在可持续发展的范畴内，强调全球价值链中的海洋化，增加蓝色劳动力，实现更大规模的蓝色增长。

3.3.4 未来愿景

美国、欧盟、日本、英国、澳大利亚等国家和地区都提出以下海洋愿景：一是未来要加强对海洋的认知，包括海洋地质、海洋气候、海洋生物、海洋生态等的历史变迁、演化规律，掌握海洋基础资料如精细海底地图、资源分布、海流运动、海洋水体的温度、盐度、密度等；二是保护生物多样性，守护人类健康；三是维持和提高海洋经济利益；四是保障海上安全；五是加强海洋灾害预报与验证的模型化建设，发展具有适应能力的沿海社区。

4 海洋科学研究前沿简析

文献计量学认为，通过持续跟踪全球最重要的科研和学术论文，研究分析论文被引用的模式和聚类，特别是成簇的高被引论文频繁地共同被引用的情况，可以发现研究前沿。当一簇高被引论文共同被引用的情形达到一定的活跃度和连贯性时，就形成一个研究前沿，而这一簇高被引论文便是该研究前沿的核心论文。研究前沿的分析数据揭示了不同研究者在探究相关的科学问题时会产生一定的关联，尽管这些研究人员的背景不同或来自不同的学科领域。

本书中构成研究前沿的核心论文均来自ESI数据库中的高被引论文，即在同学科同年度中根据被引频次排在前1%的论文。因此，对核心论文中涉及的理论、方法及技术的解读是深入了解研究前沿发展态势的关键。发表这些有影响力的核心论文的研究机构、国家在该领域也做出了不可磨灭的贡献。研究前沿的名称则是从它的核心论文题名总结而来的。

ESI 数据库用共被引文献簇（核心论文）来表征研究前沿，并根据文献簇的元数据及其统计信息来揭示研究前沿的发展态势，其中核心论文数（P）标志着研究前沿的大小，文献簇的平均出版年和论文的时间分布标志着研究前沿的进度。核心论文数（P）表达了研究前沿中知识基础的重要程度。在一定时间段内，一个前沿的核心论文数（P）越大，表明该前沿越活跃。ESI 数据库囊括了自然科学与社会科学的22个学科领域，但未有海洋学科领域的定义。2019年3月，ESI库中有10 625个研究前沿。报告采用关键词检索的方法共检索海洋领域研究前沿174个。

4.1 海洋研究前沿概览

4.1.1 海洋研究前沿具有高度的学科交叉性特点

ESI数据库一共划分了22个领域,海洋研究前沿共涉及18个领域,仅空间科学、数学及心理学与精神病学学科没有涉及。图4-1显示,海洋研究前沿主要分布在地学、环境学及生态学、植物与动物科学3个学科。其次是工程学、材料科学、生物及生物化学。此外,在微生物、农业科学、药剂以及一般社会科学中均有涉及。说明海洋研究前沿具有高度的学科交叉性。

图4-1　海洋研究前沿分布领域

4.1.2 海洋研究前沿国家占有率对比分析

海洋领域对应174个研究前沿共841篇论文,对发表这些论文的国家及地区进行了统计。值得注意的是国际合作论文占比超80%。统计结果显示在海洋研究前沿领域占有率方面,美国表现突出,占比高达73%,占有绝对优势,可以说海洋领域的研究前沿基本由美国主导。英国、澳大利亚、法国、加拿大、德国占比在44%~35%,传统的海洋国家在海洋研究前沿领域仍占有明显优势。我国排名第7位,占比27%,不到3成,说明我国在海洋研究前沿领域的研究仍然处于跟随的状态,整体的参与度有待提升。相关结果见图4-2。

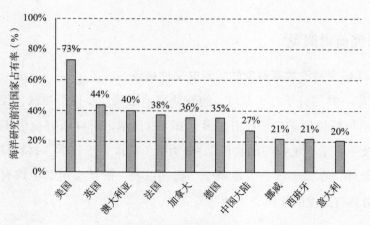

图4-2　海洋研究前沿国家占有率对比

4.1.3 海洋热点前沿筛选

海洋研究热点前沿的筛选主要根据核心论文数进行排序，根据核心论文的数量，选择了排名前5位的海洋研究热点前沿，见表4-1，分别为全球平均海平面上升趋势研究、大西洋经向翻转环流研究、海洋热浪研究、北极海冰损失估算研究、深海采矿对环境的影响研究。平均的出版年在2015—2016年，篇均被引频次在50～100次/篇。我国表现整体一般，参与度低，排名靠后。与近10年我国SCI发文总量、高被引论文总量在世界排名第2位的科研规模不符。

表4-1　海洋研究热点前沿汇总

序号	前沿类别	研究前沿	核心论文	被引频次	核心论文出版年	我国核心论文数量位次
1	热点前沿	全球平均海平面上升趋势研究	44	4 557	2015.9	13/23
2	热点前沿	大西洋经向翻转环流研究	32	4 012	2015.2	7/20
3	热点前沿	海洋热浪研究	29	3 155	2015.9	0/16
4	热点前沿	北极海冰损失估算研究	24	3 087	2015	9/10
5	热点前沿	深海采矿对环境的影响研究	16	824	2016.9	23/32

4.2 热点前沿——全球平均海平面上升趋势估计

4.2.1 "全球平均海平面上升趋势估计"研究热点概述

海平面上升严重威胁着人类的生存环境。如果海平面上升1 m，全球将会有500万km的土地被淹没，会影响世界10多亿人口和1/3的耕地。同时，海平面上升会导致海岸带侵蚀加剧，盐水入侵增强，并影响沿海地区红树林和珊瑚礁生态系统的健康。海平面上升还导致热带气旋频率和强度的增加。海平面分析数据主要采用气候模式、验潮站观测结果以及卫星高度计数据对海洋平面的变化过程进行研究。目前，很多专家认为南极大陆冰盖消融是导致海平面上升的重要因素。冰盖物质平衡观测研究、确定极地冰盖变化对海平面影响的作用模型仍然是未来海平面变化研究的重要内容。

4.2.2 "全球平均海平面上升趋势估计"主要国家和机构计量分析

从该热点前沿核心论文主要产出国家来看（表4-2），美国共有26篇，我国有3篇，分别占核心论文总量的53.8%和6.8%。美国位于第一位。其次是德国，核心论文量为18篇，占总量的40.9%。从核心论文产出机构看，排名前四的15家机构中有7家来自美国，我国无机构入榜，其他来自德国、法国、荷兰及英国。上述统计结果表明，在该前沿中，美国研究机构具有较高影响力和活跃度，具有比较明显的竞争优势。

表4-2 全球平均海洋平面上升趋势研究主要国家和机构分布

排序	国家	核心论文数	占比	国际合作论文比重	排序	机构	核心论文数	占比	国际合作论文比重
1	美国	26	59.1%	53.8%	1	美国加州理工学院	8	18.2%	50.0%
2	德国	18	40.9%	88.9%	1	荷兰乌得勒支大学	8	18.2%	100.0%
3	荷兰	15	34.1%	93.3%	1	荷兰代尔夫特理工大学	8	18.2%	100.0%
4	英国	13	29.5%	92.3%	1	美国航空航天局喷气动力实验室	8	18.2%	50.0%
6	法国	10	22.7%	100.0%	5	美国加州大学尔湾分校	6	13.6%	50.0%
7	意大利	6	13.6%	100.0%	5	德国阿尔弗雷德·魏格纳极地与海洋研究所	6	13.6%	66.7%
8	澳大利亚	5	11.4%	100.0%	7	美国科罗拉多大学博尔德分校	5	11.4%	80.0%
8	西班牙	5	11.4%	100.0%	7	德国波恩大学	5	11.4%	80.0%
8	挪威	5	11.4%	100.0%	7	法国格勒诺布尔大学	5	11.4%	100.0%
11	瑞士	4	9.1%	100.0%	7	英国国家海洋中心	5	11.4%	100.0%
11	丹麦	4	9.1%	100.0%	11	美国南弗罗里达大学	4	9.1%	75.0%
13	比利时	3	6.8%	100.0%	11	美国罗格斯大学	4	9.1%	50.0%
13	希腊	3	6.8%	100.0%	11	德国汉堡大学	4	9.1%	100.0%

排序	国家	核心论文数	占比	国际合作论文比重	排序	机构	核心论文数	占比	国际合作论文比重
13	奥地利	3	6.8%	100.0%	11	德国波兹坦气候研究所	4	9.1%	100.0%
13	中国大陆	3	6.8%	100.0%	11	美国航空航天局	4	9.1%	75.0%

4.3 热点前沿——大西洋经向翻转环流

4.3.1 "大西洋经向翻转环流"热点概述

大西洋经向翻转环流（简称AMOC），也被称为墨西哥湾流，是全球气候系统的重要组成部分，其在气候及气候变化中所起的作用一直是气候研究领域内的一个重要分支。古气候研究指出，AMOC减弱或者停止曾使得北半球绝大部分地区的气温在几十年甚至更短的时期内急剧下降。气候模式结果更是显示，在全球变暖加剧的情况下，AMOC在未来的几十年内将会持续减弱。因此，海洋环流的变化将有可能在未来再次造成全球大范围的气候骤变。虽然科学家对于AMOC对全球气候变化上的深刻影响具有很大程度上的共识，但AMOC的机制本身仍然是海洋和气候研究领域亟待解决的核心问题之一。

4.3.2 "大西洋经向翻转环流"主要国家和机构计量分析

从该热点前沿核心论文主要产出国家来看（表4-3），美国共有27篇，我国有5篇，分别占核心论文总量的70.4%和15.6%。美国遥遥领先于其他国家。其次是英国，核心论文量为12篇，占总量的37.5%。从核心论文产出机构看，排名前九的10家机构中有7家来自美国，我国无机构入榜，其他来自英国及日本。上述统计结果表明，在该前沿中，美国研究机构具有较高影响力和活跃度，具有比较明显的竞争优势。

表4-3　大西洋经向翻转环流研究主要国家和机构分布

排序	国家	核心论文数	占比	国际合作论文比重	排序	机构	核心论文数	占比	国际合作论文比重
1	美国	27	84.4%	70.4%	1	美国国家海洋和大气管理局	12	37.5%	66.7%
2	英国	12	37.5%	83.3%	2	美国国家大气研究中心	7	21.9%	85.7%
3	德国	7	21.9%	100.0%	3	英国国家海洋中心	6	18.8%	83.3%
3	加拿大	7	21.9%	85.7%	4	美国航空与航天局	5	15.6%	80.0%
5	法国	6	18.8%	100.0%	4	美国迈阿密大学	5	15.6%	83.3%

排序	国家	核心论文数	占比	国际合作论文比重	排序	机构	核心论文数	占比	国际合作论文比重
5	澳大利亚	6	18.8%	100.0%	6	美国加州大学圣迭戈分校	4	12.5%	100.0%
7	中国大陆	5	15.6%	100.0%	6	美国普林斯顿大学	4	12.5%	50.0%
8	意大利	4	12.5%	100.0%	6	英国气象办公室	4	12.5%	100.0%
9	韩国	3	9.4%	100.0%	9	美国加州理工学院	3	9.4%	66.7%
9	日本	3	9.4%	100.0%	9	日本海洋地球科技研究所	3	9.4%	100.0%

4.4 热点前沿——海洋热浪

4.4.1 "海洋热浪"热点概述

根据傅勒团队定义,海洋热浪为同一地点测量的海水温度超过以往99%纪录的极端情况。2011年,西澳大利亚州发生海洋热浪事件,使当地的生态系统发生改变,从大型褐藻占主导地位变成海草占主导地位,甚至在海水温度回复至正常水平后依然保持着这种状态。受全球变暖影响,近30年来海洋热浪发生的次数比20世纪初增加超过50%,且破坏力越来越强,这对鱼类、珊瑚和其他海洋生物构成了严重威胁。随着全球海水温度持续上升,海洋热浪变得更普遍且广泛,依赖海洋生态系统的食物链、生活和娱乐模式将变得更加不稳定且难以预测。

4.4.2 "海洋热浪"主要国家和机构计量分析

从该热点前沿核心论文主要产出国家来看(表4-4),美国共有21篇,占核心论文总量的72.4%,遥遥领先于其他国家。其次是澳大利亚,核心论文量为13篇,占总量的44.8%。从核心论文产出机构看,排名前七的9家机构中有5家来自澳大利亚、3家来自美国,1家来自英国。我国在该热点前沿无涉及。上述统计结果表明,在该前沿中,美国与澳大利亚在海洋热浪方向上的研究有较高影响力和活跃度,具有比较明显的竞争优势。

表4-4 海洋热浪研究主要国家和机构分布

排序	国家	核心论文数	占比	国际合作论文比重	排序	机构	核心论文数	占比	国际合作论文比重
1	美国	21	72.4%	38.1%	1	澳大利亚西澳大学	11	37.9%	90.9%
2	澳大利亚	13	44.8%	84.6%	2	澳大利亚联邦科学与工业研究组织	8	27.6%	75.0%

排序	国家	核心论文数	占比	国际合作论文比重	排序	机构	核心论文数	占比	国际合作论文比重
3	英国	8	27.6%	100.0%	2	美国国家海洋和大气管理局	8	27.6%	50.0%
4	加拿大	6	20.7%	100.0%	4	英国海洋生物协会	7	24.1%	100.0%
5	西班牙	4	13.8%	100.0%	4	澳大利亚塔斯马尼亚大学	7	24.1%	71.4%
6	法国	2	6.9%	100.0%	6	澳大利亚海洋研究所	6	20.7%	83.3%
6	新西兰	2	6.9%	100.0%	7	美国加州大学	5	17.2%	40.0%
6	挪威	2	6.9%	100.0%	7	美国华盛顿大学	5	17.2%	80.0%
6	新加坡	2	6.9%	100.0%	7	澳大利亚南威尔士大学	5	17.2%	80.0%

4.5 热点前沿——北极海冰损失估算

4.5.1 "北极海冰损失估算"热点概述

北极海冰变化对局地及全球的大气、海洋系统有持续显著的影响，基于此，世界各国科学家高度关注并力图准确获取北极海冰的变化信息。北极海冰融化如何影响中纬度气候是备受瞩目的焦点问题之一。

4.5.2 "北极海冰损失估算"的主要国家和机构计量分析

从该热点前沿核心论文主要产出国家来看（表4-5），美国共有16篇，占核心论文总量的66.7%；我国1篇，占比4.2%。美国遥遥领先于其他国家。其次是英国，核心论文量为10篇，占总量的41.7%。从核心论文产出机构看，排名前六的10家机构中有6家来自美国，其他来自英国、芬兰、韩国及澳大利亚。我国无机构入榜。上述统计结果表明，在该前沿中，美国具有比较明显的竞争优势。

表4-5　北极海冰损失估算研究主要国家和机构分布

排序	国家	核心论文数	占比	国际合作论文比重	排序	机构	核心论文数	占比	国际合作论文比重
1	美国	16	66.7%	56.3%	1	英国埃克塞特大学	8	33.3%	87.5%
2	英国	10	41.7%	90.0%	2	美国国家大气研究中心	6	25.0%	50.0%
3	澳大利亚	4	16.7%	75.0%	2	美国国家海洋和大气管理局	6	25.0%	66.7%
3	德国	4	16.7%	75.0%	4	美国科罗拉多大学波德分校	4	16.7%	25.0%

排序	国家	核心论文数	占比	国际合作论文比重	排序	机构	核心论文数	占比	国际合作论文比重
3	韩国	4	16.7%	100.0%	4	美国罗格斯州立大学新不伦瑞克分校	4	16.7%	75.0%
6	芬兰	3	12.5%	66.7%	6	澳大利亚墨尔本大学	3	12.5%	75.0%
7	加拿大	2	8.3%	50.0%	6	韩国极地研究所	3	12.5%	25.0%
8	瑞典	1	4.2%	100.0%	6	美国阿拉斯加费尔班克斯大学	3	12.5%	100.0%
8	日本	1	4.2%	0.0%	6	芬兰气象研究所	3	12.5%	66.7%
8	中国大陆	1	4.2%	100.0%	6	英国气象办公室	3	12.5%	66.7%

4.6 热点前沿——深海采矿对环境的影响

4.6.1 "深海采矿对环境的影响"热点概述

深海环境非常重要，生活在其中的物种和生态系统难以抵挡那些长期、且有可能无法逆转的破坏，所以了解深海采矿对环境的影响至关重要，目前定性或定量描述深海采矿过程中污染源对海洋生态的影响是深海采矿的热点。一些国家和跨国工业财团组织进行了一系列有关深海采矿对海洋环境潜在影响的研究。这些研究将为国际海底管理局有关环境管理法规的制定提供科学的依据，有助于保护原始又极富多样性的深海生态系统，此外还将帮助开发那些对环境尽可能"友好"的所谓"清洁"的勘探采矿技术和设备。

4.6.2 研究深海采矿对环境的影响的主要国家和机构计量分析

从该热点前沿核心论文主要产出国家来看（表4-6），英国、美国、德国均排在第1位，核心论文数9篇，占比56.3%。其次是法国、比利时、荷兰、挪威等国家。从核心论文产出机构看，排名前九的11家机构中有3家来自英国和美国，其他来自德国、法国、比利时、新西兰和葡萄牙。上述统计结果表明，在该前沿中，英国、德国、美国研究机构具有较高影响力和活跃度，具有比较明显的竞争优势。

表4-6 深海采矿对环境的影响研究主要国家和机构分布

排序	国家	核心论文数	占比	国际合作论文比重	排序	机构	核心论文数	占比	国际合作论文比重
1	英国	9	56.3%	88.9%	1	德国基尔海洋研究所	6	37.5%	83.3%

续表

排序	国家	核心论文数	占比	国际合作论文比重	排序	机构	核心论文数	占比	国际合作论文比重
1	美国	9	56.3%	88.9%	1	法国海洋开发研究院	6	37.5%	83.3%
1	德国	9	56.3%	88.9%	1	美国加州大学圣迭戈分校	6	37.5%	100.0%
4	法国	7	43.8%	100.0%	1	美国夏威夷大学马诺分校	6	37.5%	80.0%
4	比利时	7	43.8%	100.0%	5	比利时根特大学	4	25.0%	100.0%
6	荷兰	5	31.3%	100.0%	5	新西兰国家水与大气研究所	4	25.0%	100.0%
6	挪威	5	31.3%	100.0%	5	英国国家海洋研究中心	4	25.0%	100.0%
8	葡萄牙	4	25.0%	100.0%	5	英国南安普敦大学	4	25.0%	100.0%
8	新西兰	4	25.0%	100.0%	9	美国杜克大学	3	18.8%	100.0%
8	波兰	4	25.0%	100.0%	9	英国赫利特瓦特大学	3	18.8%	100.0%
8	加拿大	4	25.0%	100.0%	9	葡萄牙亚速尔群岛大学	3	18.8%	100.0%

海洋技术子领域创新格局与资源 5

为客观准确地测度海洋领域科技竞争力差异，分析创新格局，本书构建了海洋领域竞争力指标评价体系。该评价体系包括支撑竞争力、创新竞争力以及市场竞争力3个一级指标。主要科研机构数量、主要企业数量、SCI发文数量、ESI发文数量、SCI篇均被引次数、合作网络中心度、发明授权有效专利数、PCT专利数、每件发明授权有效专利他引次数、海外专利占比以及技术/产品市场占有率得分11个二级指标（表5-1）。

表5-1 海洋领域竞争力评价体系

一级指标	序号	二级指标	单位	数据来源	权重
支撑竞争力	1	主要科研机构数量（发文数≥30或者发文数量前100位）	−	文献	0.125
	2	主要企业数量（PCT专利申请书≥3或者PCT专利数量前50位）		专利	0.125
创新竞争力	3	SCI发文数量	篇	文献	0.05
	4	ESI发文数量	篇	文献	0.075
	5	SCI篇均被引次数	次/篇	文献	0.075
	6	合作网络中心度	−	文献	0.05
	7	发明授权有效专利数	件	专利	0.05
	8	PCT专利数	件	专利	0.05
	9	每件发明授权有效专利他引次数	次/件	专利	0.075
	10	海外专利占比	%	专利	0.075
市场竞争力	11	技术/产品市场占有率得分	−	专家打分	0.25

　　支撑竞争力：学术研究力量是指开展相关领域研究或教育的高校、科研院所以及国家相关机构。报告基于海洋技术各领域SCI论文的发文情况，统计学术研究力量在主要国家的数量分布情况，揭示各国的学术研究力量差距。

　　创新竞争力：科学研究竞争力基于SCI数据，采用SCI发文数量、ESI发文数量、SCI篇均被引次数、以及合作网络中心性4个指标，分别反映科学研究竞争力的规模、质量、影响力以及合作关系情况。SCI发文数量指被SCI收录的论文数，反映研发的规模和热度。ESI发文数量是指按年度和学科引用率排名前1%的论文数，反映科学研究质量。SCI篇均被引次数指截至2019年7月，每篇SCI论文被引用的次数，表征SCI发文的影响力。合作网络中心度指国家在合作网络中的重要程度。技术创新竞争力评价主要基于专利数据，采用发明授权有效专利数、PCT专利数、每件发明授权有效专利他引次数以及海外专利占比4个指标，分别反映技术创新竞争力的规模、质量、影响力以及海外布局情况。PCT是《专利合作条约》（*Patent Cooperation Treaty*）的英文缩写，是有关专利的国际条约。根据PCT的规定，专利申请人可以通过PCT途径递交国际专利申请，向多个国家申请专利。PCT专利数量可用于表征专利技术水平和专利申请质量。每件发明授权有效专利他引次数可用于表征其他申请人在专利申请过程中对评价企业所拥有的发明专利的引用情况，反映技术影响力。海外专利占比是指在中国大陆以外的国家/地区获取保护的专利数量与同一时期的发明授权专利数量的比值，可用于表征待评价在中国大陆以外的司法管辖区域保护其创新成果的状况，反映技术布局情况。

　　市场竞争力：市场竞争力指技术/产品市场占有率。市场占有率指某企业某一产品（或品类）的销售量（或销售额）在市场同类产品（或品类）中所占比重。反映企业在市场上的地位。通常市场份额越高，竞争力越强。

　　评价算法是逐层评价，具体参考评价演示。指标计算的具体过程分为三步。第一步为指标归一化，采用极值线性模式归化方法。第二步设定权重，权重的设定方法为专家打分；第三步根据权重综合赋值计算指数。

5.1 水下运载技术子领域

　　水下运载技术主要包括各种类型的水下潜器及导航定位传感器、水声通讯/定位系统以及水下作业装备等。水下运载装备具有工业、科研以及军事用途，从技术构成来说可分为设计技术、建造技术、装备技术，涉及材料、机械、电力、电气、导航通信等诸多领域。水下运载技术子领域分解表见表5-2。

表5-2　水下运载技术子领域分解表

子领域	技术方向	子技术
水下运载子领域	水下运载技术	深海空间站技术
		载人潜水器技术
		无人潜水器技术
		潜水器组网技术
	支撑配套技术	水下定位导航技术
		水下通信技术
		材料技术
		动力与推进技术
		水下照明与摄像技术
		光电复合水下连接器技术
	水下作业技术	布放与回收技术
		水下特种作业技术
		采样技术

5.1.1 水下运载技术子领域创新格局

水下运载技术子领域主要国家指标表现见表5-3。

表5-3　水下运载技术子领域主要国家指标表现

国家	支撑竞争力	创新竞争力	市场竞争力
美国	100.0	100.0	100.0
中国	36.5	57.8	65.0
英国	19.2	56.2	70.0
法国	23.0	37.6	86.0
德国	12.5	40.0	85.0
日本	6.2	32.8	85.0
意大利	7.9	40.6	65.0
澳大利亚	6.5	48.2	50.0
加拿大	2.2	26.8	60.0
西班牙	3.3	22.8	65.0

（1）美国处于全球领先水平。

表5-3显示，美国在水下运载技术领域拥有最多的科研机构、企业。数量约为第2位的两倍。美国发文数量、高被引论文数量、论文的影响力、国际合作能力、PCT专利数量、专利平均被引次数均居世界首位。相关产品市场占有率居世界首位。

（2）我国在水下运载技术领域表现突出，与英国、法国、德国构成第二梯队。

"蛟龙"号和"深海勇士"号的成功，标志着我国已经全面具备大深度载人潜水器研制和试验的能力。近年来，我国不断有新的研发机构和企业参与到水下运载技术领域，在支撑竞争力得分中排名第2位。我国在水下运载技术领域发文数量与美国接近，发明授权专利数量已超过美国。高被引论文数、PCT专利数均居世界第2位。但在影响力方面，我国与传统海洋国家有一定的差距。同时，我国产品的市场占有率仍处在较低的水平。

（3）美国、法国、英国等传统海洋国家在水下运载技术市场上具有较强的竞争力。

美国、法国、英国、德国、挪威等国家非常重视专利的海外布局。在海外布局的专利一般来讲具有较大的市场价值。美国在海外市场布局的专利占比约为55%，意大利高达100%，法国、德国、英国海外专利占比在60%~80%。我国海外专利占比仅1.5%，在国际市场上技术竞争力较弱。同时我国的产品竞争力落后于传统的海洋强国。

（4）水下运载技术子领域国家合作逐渐增多，中美为全球合作最为紧密的国家。

水下运载技术子领域，18个国家的网络合作密度由2009年的0.48提升至0.65。相对整个海洋领域，合作密度较低。中美合作由2009年链接强度4提升至43，成为全球合作最为紧密的国家。其次是美英之间的合作，链接强度为18。目前文献合作网络主要分为两个合作网络，一是以美国为中心的合作网络，二是以法国和德国为中心的欧洲国家之间相互合作形成的网络。

5.1.2 水下运载技术子领域技术布局

（1）在基础科研领域，我国的研究热点在水下运载装备控制，空白点和薄弱点集中在水下感知技术及水下装备在海洋科研中的应用研究。

美国在水下运载装备领域基本覆盖了全领域，在水下声学、水下传感器网络、水下感知、AUV、glider应用方面表现尤为突出。相对而言，我国在控制算法、导航、无线光学通信、仿生潜水器研制发文数量已经位居首位，但在AUV、glider应用、水下视频应用方面差距较大，发文规模落后于美国、法国等国家。在技术方面，我国在水下感知技术方面与美国等国家也存在较大差距（图5-1，图5-2）。

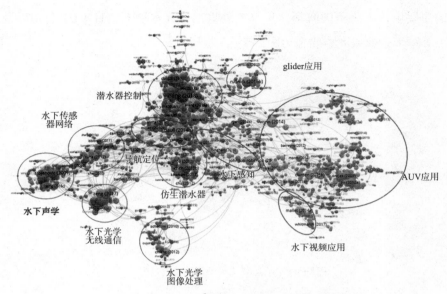

图5-1　水下运载技术子领域SCI论文引用网络

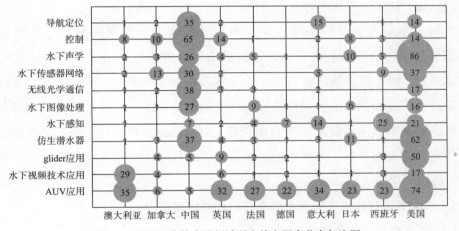

图5-2　水下运载技术子领域研究热点国家分布气泡图

（2）在技术研究领域，专利技术主要集中在无人潜器的布放与回收，导航、机械手、水下照明、运动控制等领域。

美国、日本主要关注无人潜器的布放与回收。我国专利主要集中在运动控制、导航、声学通信以及机械手等领域。水下照明及摄像基本为日本的专利。我国目前水下运载领域发明专利授权量位居世界首位，在技术方面涉及得比较全面，但是在水下照明摄像、布放与回收领域专利数量较少，在运动控制、导航及声学通信领域涉及的专利在国际市场上缺乏竞争力。值得注意的是，我国专利的主要申请人为哈尔滨工程大学、沈阳自动化研究所等高校、科研院所，企业鲜有涉及。美国、日本等国家的主要申请人为美国海军、日本三菱重工、日本松下、日本IHI公司以及韩国三星重工等军工企业或大型船企（图5-3）。

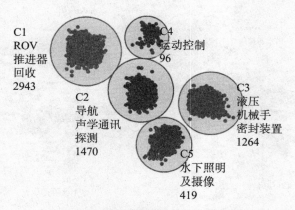

图5-3　水下运载技术子领域专利聚类

（3）未来研究方向上，欧、美、日相对关注无人潜器的协作、作业能力以及对环境的感知、认知、探知能力，我国相对关注全海深的谱系化研究。

美国自然基金委资助的重点在于水下感知能力、滑翔机与传感器的集成、水下信号传输、水下作业能力、水下运载设备的商业化应用等。欧盟地平线2020（H2020）计划主要资助的重点在于无人潜水器在水下测绘、矿物识别、有机碳通量测量应用研究，无人潜器的作业能力以及网络协作能力。日本侧重ROV在海底采样、海底调查中的应用以及AUV在珊瑚礁、海冰观测中的应用。我国侧重全海深领域的研究、载人潜水器、潜水器的谱系化、关键技术（如耐压材料技术、水密插件技术）的国产化等。

5.1.3 水下运载技术子领域主要科研机构特征及情况

5.1.3.1 主要科研机构梳理及特征

近10年水下运载领域SCI发文数超过50篇的研发机构共47家，表5-4给出了47家机构的基本情况，包括机构所在的国家，发文的数量、被引总量以及主要研发方向。研发机构按被引总数降序排列。

表5-4　水下运载技术子领域主要研发机构列表

序号	机构名称（中文）	国家	SCI发文数（篇）	被引次数（次）	研究方向
1	伍兹霍尔海洋研究所	美国	174	4 027	运营维护升级、OOI、水下滑翔机、高精度导航、AUV观测海洋环流

序号	机构名称（中文）	国家	SCI发文数（篇）	被引次数（次）	研究方向
2	法国国家科学研究中心	法国	219	2 908	AUV；AUV设计；海洋动力应用研究；AUV用于深海研究；海洋地质研究
3	英国国家海洋研究中心	英国	162	2 834	ROV；水下通信；深海生物多样性
4	蒙特利湾海洋研究所	美国	174	2 646	AUV；AUV应用于深海生物研究
5	加州大学圣迭戈分校	美国	161	2 424	仿生潜水器；水下滑翔机商用；AUV成像；内波
6	麻省理工学院	美国	110	2 243	AUV设计；数据同化；路径规划
7	德国亥姆霍兹联合会	德国	155	2 142	大西洋中脊
8	英国南安普敦大学	英国	149	2 048	深海生物多样性研究
9	美国国家海洋和大气管理局	美国	149	1 927	深海应用研究
10	美国康涅狄格大学	美国	69	1 810	水下声学通信；OFDM
11	美国海军	美国	134	1 646	UUV；水下声学通信；水下图像识别；水下滑翔机
12	法国海洋开发技术研究院	法国	101	1 634	深海冷泉；热液；甲烷
13	中国科学院海洋研究所	中国	267	1 524	无人潜器设计；水下声学
14	西班牙最高科研理事会	西班牙	95	1 396	机器鱼；AUV动力；水下滑翔机；深海应用；深海采样
15	悉尼大学	澳大利亚	51	1 386	AUV；生物多样性应用；珊瑚礁应用
16	哈尔滨工程大学	中国	322	1 201	AUV控制；轨迹跟踪；声学通信；路径跟踪；导航
17	夏威夷大学马阿诺分校	美国	56	1 195	AUV；生物多样性应用
18	日本国立海洋研究开发机构	日本	131	1 179	深海应用研究
19	西北工业大学	中国	184	1 140	AUV控制；声学通信；定位
20	美国地质调查局	美国	63	1 086	AUV应用
21	俄勒冈州立大学	美国	66	1 018	AUV应用
22	西班牙赫罗纳大学	西班牙	54	1 002	导航；水下机器人；作业
23	意大利国家研究委员会	意大利	82	967	深海应用

序号	机构名称（中文）	国家	SCI发文数（篇）	被引次数（次）	研究方向
24	罗德岛大学	美国	73	942	水下机械手；水下机器人控制；水下机器人应用；ROV
25	西澳大学	澳大利亚	64	914	船型优化；水下图像
26	不莱梅大学	德国	56	889	应用研究
27	华中科技大学	中国	80	882	AUV控制；路径跟踪
28	东京大学	日本	81	858	AUV；大西洋中脊；日本海
29	罗格斯大学新布朗斯维克校区	美国	53	855	水下声学通信；水下无线通信
30	华盛顿大学西雅图分校	美国	70	811	应用研究
31	浙江大学	中国	150	798	AUV；声学通信；路径跟踪；导航；激光；算法
32	里斯本大学	葡萄牙	55	790	水下机器人；导航定位；设计
33	热内亚大学	意大利	51	768	ROV；生物多样性
34	得克萨斯农工大学	美国	51	735	应用研究
35	维多利亚大学	加拿大	63	732	水下作业；组网；操作
36	挪威科技大学	挪威	69	684	仿生潜水器；路径跟踪；导航；北极应用
37	上海交通大学	中国	115	654	ROV；水下图像识别
38	索邦大学	法国	64	648	水下摄像；深海应用研究
39	印度理工学院	印度	74	635	AUV；仿生；算法；水下作业
40	上海海事大学	中国	56	582	AUV；ROV；载人潜水器；路径规划
41	塔斯马尼亚大学	澳大利亚	72	577	生物多样性应用研究
42	俄罗斯科学院	俄罗斯	87	550	ROV；水下图像
43	国防科技大学	中国	53	466	无人水下潜器
44	天津大学	中国	71	431	水下滑翔机
45	厦门大学	中国	52	402	水下声学
46	中国海洋大学	中国	88	366	水下图像；拉曼
47	哈尔滨工业大学	中国	64	346	无人水下潜器控制

　　水下运载技术子领域主要的研究机构集中在中、美两国。美国共有14家机构，发文数量超过50篇，且有6家机构总被引数量排名前10。我国共有12家机构，发文数量超过50篇，机构数量仅少于美国2家，其中哈尔滨工程大学发文数量排名第一位。中、美两国的机构数量总和占比超5成。法国、澳大利亚各有3家，德国、英国、日本、意大利各2家。加拿大、俄罗斯、印度、挪威、葡萄牙各1家。

　　水下运载技术子领域欧美机构具有更高的影响力。在机构影响力（论文应用数量排名）排名前10位的机构中，美国占据6席，英国2席，德、法各1席。我国机构总被引次数最高的为排名第13位的中国科学院，篇均被引次数最高的为排名第29位的华中科技大学。在影响力上我国的机构与美国差距较大，同时也落后于德国、法国、英国等国家。

　　综合性海洋研究所排名普遍位居前列。综合性海洋研究所美国伍兹霍尔海洋研究所（WHOI）、英国国家海洋中心（NOC）、美国蒙特瑞湾海洋研究所（MABRI）、法国海洋开发技术研究院（IFREMER）在影响力上分别排名第1、3、4、12位。WHOI负责深海潜水设施运营维护升级、海洋观测行动计划的管理与运作，与麻省理工学院合作，研发设计大空间尺度上持续、用于冰下海洋环境自主观测水下机器人的相关技术；与华盛顿大学合作，研发低功率高精度导航系统等。MABRI注重科学与技术的结合，取得了一系列成果，包括MARS海底观测网、蒙特利海底宽带地震仪、水下激光拉曼光谱仪等。NOC主要与南安普顿大学合作，研究侧重点在ROV、水下通信以及深海生物多样性应用研究上。IFREMER侧重深海冷泉、热液、甲烷的探测研究。综合性的海洋研究所在水下运载设备技术的研发以及技术的应用上发挥了很好的作用，值得我国借鉴。

5.1.3.2 重点科研机构

　　以下为伍兹霍尔海洋研究所、蒙特利湾海洋研究所、英国国家海洋中心、法国海洋开发技术研究院、日本海洋地球科技研究所、哈尔滨工程大学、西北工业大学等重点科研机构的高被引文献及专利情况，见表5-5—表5-11。

表5-5　伍兹霍尔海洋研究所（Woods Hole Oceanographic Institution）

创新机构	伍兹霍尔海洋研究所
网址	https：//www.whoi.edu/
联系方式	地址：86 Water St，Woods Hole，MA 02543 电话：+1 508-548-1400

续表

文献布局	水下通信；导航；热液；自主潜航器；运营维护升级	
	题目	被引次数
高被引文献	Laser Raman spectroscopy as a technique for identification of seafloor hydrothermal and cold seep minerals（激光拉曼用于鉴定海底热液和冷泉矿物）	145
	Deep-sea sampling on CMarZ cruises in the Atlantic Ocean—an introduction（大西洋CMarZ航次深海采样）	16
	Nonlinear dynamic model-based state estimators for underwater navigation of remotely operated vehicles（基于非线性动力学模型的ROV导航状态估计）	21
	专利名称	同族/被引
重要专利	Apparatus for improved underwater acoustic telemetry utilizing phase coherent communications（利用相位相干通讯提高水下声学遥测能力的设备）	3/2
	Methods and apparatus for underwater wireless optical communication（水下无线光学通讯的方法和设备）	1/1
	Low-cost, compact bathy photometer（低成本紧凑型深海光度计）	3/1

表5-6　蒙特利湾海洋研究所（Monterey Bay Aquarium Research Institute）

创新机构	蒙特利湾海洋研究所	
网址	https://www.mbari.org/	
联系方式	地址：7700 Sandholdt Road, Moss Landing, California, 95039 U.S.A. 电话：831-775-1700	
文献布局	AUV；深海采样	
	题目	被引次数
高被引文献	Preparing to predict: The Second Autonomous Ocean Sampling Network（AOSN-II）experiment in the Monterey Bay（准备预测：蒙特利湾第二次自主海洋采样网络（AOSN-II）实验）	68
	High-resolution bathymetry of the axial channels within Monterey and Soquel submarine canyons, offshore central California（加利福尼亚州中部蒙特雷和索凯尔海底峡谷内轴向通道的高分辨率测深）	47
	Forecasting and reanalysis in the Monterey Bay/California Current region for the Autonomous Ocean Sampling Network-II experiment（加州海洋蒙特利湾当前区域的自主海洋采样网络II预报和再分析）	38

表5-7 英国国家海洋中心（National Oceanography Center）

创新机构	英国国家海洋中心	
网址	https：//noc.ac.uk/	
联系方式	地址：Waterfront Campus European Way，Southampton SO14 3ZH 电话：+44 23 8059 6666	
文献布局	AUV；ROV；水下通信；深海生物多样性	
高被引文献	题目	被引次数
	Autonomous Underwater Vehicles（AUVs）：Their past，present and future contributions to the advancement of marine geoscience（自主水下航行器（AUV）：过去，现在和将来对海洋地球科学发展的贡献）	168
	Autosub6000：A deep diving long range AUV（Autosub6000：深潜远程AUV）	43
	Physical controls and mesoscale variability in the Labrador Sea spring phytoplankton bloom observed by Seaglider（Seaglider观测到的拉布拉多海泉浮游植物水华的物理控制和中尺度变异）	35

表5-8 法国海洋开发技术研究院（Ifermer）

创新机构	法国海洋开发技术研究院	
网址	https：//wwz.ifremer.fr/en/	
联系方式	地址：Technopolis 40-155 rue Jean-Jacques Rousseau-92138 Issy-les-Moulineaux-France 电话：+33（0）1 46 48 21 00	
文献布局	水下通信、水下视频、冷泉、热液、深海沉积扇	
高被引文献	题目	被引次数
	Monte-Carlo-Based channel characterization for underwater optical communication systems（基于蒙特卡洛水下光通信系统中信道表征）	100
	Underwater video techniques for observing coastal marine biodiversity：A review of sixty years of publications（1952—2012）（用于观测沿海海洋生物多样性的水下录像技术：60年出版物回顾（1952—2012））	97
	Pyrococcus CH1，an obligate piezophilic hyperthermophile：Extending the upper pressure-temperature limits for life（热球菌CH1，专性嗜热嗜热菌：延长寿命的压力温度上限）	77
重要专利	专利名称	同族/被引
	Apparatus for recovering an underwater or marine vehicle（水下或海洋运载工具回收装置）	9/1

续表

重要专利	Installation and method for recovering an underwater or marine vehicle（水下或海洋运载工具回收安装与方法）	8/1
	海底水听器和地震检波器	8/0
	Deep-sea network and deployment device（深海网络和部放设备）	6/0

表5-9 日本海洋地球科技研究所（Japan Agency for Marine-Earth Science and Technology）

创新机构	日本海洋地球科技研究所	
网址	http：//www.jamstec.go.jp	
联系方式	地址：2-15，Natsushima-cho，Yokosuka-city，Kanagawa，237-0061，Japan 电话：+81-46-866-3811	
文献布局	水下通信；自主潜航器；水下视频；马里亚纳海沟	
高被引文献	题目	被引次数
	Development of a deep-sea laser-induced breakdown spectrometer for *in situ* multi-element chemical analysis（用于原位多元素化学分析的深海激光诱导击穿光谱仪的研制）	62
	Practical application of a sea-water battery in deep-sea basin and its performance（海水电池在深海盆地的实际应用及其性能）	33
	A novel morphometry-based protocol of automated video-image analysis for species recognition and activity rhythms monitoring in deep-sea fauna（一种基于形态计量学的自动视频图像分析协议，用于深海动物的物种识别和活动节律监测）	30
重要专利	专利名称	同族/被引
	Pressure container, and buoyant body and exploring device which are provided with the same（提供同样的压力容器、浮力体、探索设备）	4/1
	Submarine observation apparatus and submarine observation system（潜水器观测装置和系统）	4/0
	Underwater traveling vehicle（水下运载装置）	3/0

表5-10 哈尔滨工程大学

创新机构	哈尔滨工程大学
网址	http：//www.hrbeu.edu.cn/
联系方式	地址：哈尔滨市南岗区南通大街145号 E-mail：nic@hrbeu.edu.cn

文献布局	AUV控制；轨迹跟踪；声学通信；路径跟踪；导航	
	题目	被引次数
高被引文献	Adaptive output feedback control based on DRFNN for AUV（基于DRFNN的AUV自适应输出反馈控制）	72
	Adaptive sliding mode control based on local recurrent neural networks for underwater robot（基于局部递归神经网络的水下机器人自适应滑模控制）	66
	Dynamical sliding mode control for the trajectory tracking of underactuated unmanned underwater vehicles（用于欠驱动无人水下航行器轨迹跟踪的动态滑模控制）	47

表5-11　西北工业大学

创新机构	西北工业大学	
网址	https：//www.nwpu.edu.cn/	
联系方式	友谊校区地址：西安市友谊西路127号　邮编：710072 长安校区地址：西安市长安区东祥路1号　邮编：710129	
文献布局	AUV控制；声学通信；定位	
	题目	被引次数
高被引文献	Adaptive sliding-mode attitude control for autonomous underwater vehicles with input nonlinearities（具有输入非线性的自动水下航行器的自适应滑模姿态控制）	67
	Passivity-based formation control of autonomous underwater vehicles（基于被动的水下航行器编队控制）	64
	Mutual information-based multi-AUV path planning for scalar field sampling using multidimensional RRT（基于多维RRT的基于互信息的标量场多AUV路径规划）	60

5.1.4 水下运载技术子领域主要企业特征及情况

5.1.4.1 主要企业梳理及特征

近10年水下运载领域PCT专利数量超过10件的企业主要有10家（表5-12）。

表5-12　水下运载技术子领域主要企业列表（基于PCT专利）

序号	中文	国家	PCT专利家族计数	研发方向
1	德国阿特拉斯电子公司	德国	47	UUV；AUV；声呐；水听器
2	法国国有船舶制造公司（DCNS）	法国	32	水下潜器；能源

序号	中文	国家	PCT专利家族计数	研发方向
3	德国蒂森克鲁伯海洋系统公司	德国	26	水下潜器；压力仓
4	美国国际海洋工程公司	美国	24	ROV；AUV；数据接收
5	英国海底七有限公司	英国	17	AUV；水下定位
6	美国海底地球方案公司	美国	16	AUV；海洋地质调查
7	德国西门子公司	德国	16	水下潜器；数据传输
8	洛克希德·马丁公司	美国	15	AUV；动力推进；声呐
9	法国泰雷兹集团	法国	15	水下潜器；布放回收
10	法国地球物理总公司	法国	12	AUV；地震分析

基于专家调查和项目资助情况，以下对水下运载领域主要企业进行了不完全统计（表5-13）。

表5-13　水下运载技术子领域主要企业列表（基于专家调查）

子领域技术分组		国外主要企业	国内主要企业
无人潜水器	美国	美国Teledyne Webb Research公司；美国Bluefin公司；美国Exocetus公司；美国Pliant Energy Systems公司；美国通用动力公司；美国Teledyne Marine集团	北京蔚海明祥科技有限公司；天津深之蓝海洋设备科技有限公司；博雅工道；中电科海洋信息技术研究院有限公司；中科探海（苏州）海洋科技有限责任公司
	德国	德国FESTO公司；德国EvoLogics公司	
	法国	法国ACSA公司；法国Robotswim公司	
	加拿大	加拿大International Submarine Engineering公司	
	日本	日本运输省船舶技术研究所（SRI）；日本Takara公司；三菱重工	
	韩国	韩国AIRO公司	
作业技术	美国	美国Soft robotics公司；美国Vermeer公司；美国CASE公司；美国波士顿动力；美国福特公司；美国通用电气	北京软体机器人公司；上海打捞局；烟台打捞局；中国铁建重工集团；徐工机械；航空609所；中国石油天然气集团公司；中国石油管道局工程有限公司
	德国	德国博世力士乐公司	
	英国	英国优尼博公司	

子领域技术分组		国外主要企业	国内主要企业
通用技术	美国	美国通用电气；美国风能协会；美国SionPower公司；美国Linkquest公司	远东电缆有限公司；中天科技电缆集团；宁波东方电缆有限公司；青岛汉缆有限公司；沈阳古河电缆厂；宝胜普瑞斯曼超高压电缆有限公司；东方电缆；华为海洋网络；中国海底电缆建设公司；中科派思储能技术有限公司；中船重工715研究所；中科海迅；中航锂电（在研）；北京蔚蓝（在研）
	挪威	挪威Kongsberg公司；挪威Hydroid公司	
	法国	法国耐克森公司；法国AIRBUS公司；法国Axens公司；法国博洛雷公司	
	德国	德国鲁奇公司	
	芬兰	芬兰Neste Oil公司	
	瑞士	瑞士ABB公司	
	新加坡	新加坡SingTel公司；新加坡SigMar公司	
	意大利	意大利比瑞利公司	
	英国	英国RenewableUK公司	
	日本	日本藤仓；日本古河株式会社；日本住友电工；川崎重工；日本IHI公司；日本蓄电池组公司；日本Seeo公司	
	韩国	韩国LS公司	

水下运载技术的专利申请企业主要集中在船企、军工企业以及海洋工程公司。近年来，船舶与海工产业不景气，因此，企业的专利数量出现了明显的滑落，申请PCT专利的企业数量同时下降，目前已低至20年来最低水平。目前的水下运载技术PCT专利申请企业主要集中在船企如法国国有船舶制造企业，军工企业如德国阿特拉斯电子公司、法国泰雷兹集团、美国洛克希德·马丁公司，海洋工程公司如德国蒂森克鲁伯海洋系统公司、海底地球方案公司等。我国尚无企业上榜。此外，我国海洋领域接近99%的发明授权专利只关注国内市场。

欧、美、日公司产品研发较为成熟，产品先进性与可靠性较好，市场占有率高。我国企业参与度较低，成熟商用产品少。相对欧、美、日公司，我国企业起步较晚，市场占有率低，产品可靠性存在差距，部分核心关键技术尚未成熟，在一些关键的元器件上同时存在"卡脖子"风险。同时，我国企业在水下运载领域的参与度相对较低。在水下运载领域，我国企业主要集中在海底光缆、海底光电复合缆系列、电池能源、水下机器人等领域，主要的企业有中天科技海缆有限公司、远东电缆有限公司、宁波东方电缆有限公司、青岛汉缆有限公司、河南新太行电源股份有限公司、中航锂电、北京蔚蓝、北京蔚海明祥科技有限公司、天津深之蓝海洋设备科技有限公司、北京软体机器人公司等。

5.1.4.2 重点企业

以下为德国阿特拉斯电子公司、美国国际海洋工程公司、美国洛克希德·马丁公司、挪威康士伯海事公司的重要专利情况，见表5-14—表5-17。

表5-14　德国阿特拉斯电子公司（ATLAS ELEKTRONIK GmbH）

创新机构	德国阿特拉斯电子公司		
网址	http://www.atlas-elektronik.com/		
联系方式	ATLAS ELEKTRONIK GmbH Sebaldsbruecker Heerstr. 235 28309 Bremen GERMANY 电话：+49 421 457-02　传真：+49 421 457-3699		
专利布局	与深海技术装备相关的专利主要分布在德国、挪威、美国、日本、澳大利亚、加拿大、英国、法国、以色列、韩国等		
重要专利	公开号	专利名称	同族专利数量/被引次数
	DE102004062124	Device and method for tracking an underwater vessel（跟踪水下船只的设备和方法）	9/1
	DE102006035878	Method for determining a route for an underwater vehicle（探测水下运载装置轨迹的方法）	9/0
	DE102004060010	Unmanned underwater vehicle, has density and volume of buoyancy unit selected to compensate for gravitational force（无人水下运载装置，具有用于补偿重力的浮体的密度和体积）	9/0
	DE10151279	Method for determining the course of a vehicle（探测运载装置航线的方法）	7/0
	DE3338050	Method of acoustic under water mapping（水下声学测绘方法）	7/1
	DE2920330	Echo sounder transmitting radiant energy at two frequencies（回声探测仪发射两个频率的辐射能量）	6/1
	DE102010035899	Unmanned underwater vehicle and method for operating an unmanned underwater vehicle（无人水下运载装置及操作无人水下运载装置的方法）	6/0

表5-15　美国国际海洋工程公司（Oceaneering）

创新机构	美国国际海洋工程公司		
网址	http：//www.oceaneering.com/		
联系方式	Oceaneering International，Inc. 11911 FM 529 Houston，Texas 77041 电话：+1（713）329-4500 传真：+1（713）329-4951		
专利布局	共检索到21个与水下运载技术和装备相关的专利族，分布在美国、世界、挪威、英国、巴西、加拿大、澳大利亚、欧洲等		
重要专利	公开号	专利名称	同族专利数量/被引次数
	US5794701	Subsea connection（海下连接）	7/1
	US7722302	Self locking tensioner（自锁结构张紧器）	6/0
	US6009950	Subsea manifold stab with integral check valve（内装式单向阀的水下管汇）	6/0
	US20080073922	Double sided rack manipulator jaw actuator system（双面机架操纵的颚执行系统）	5/0
	US7380835	Single bore high flow junction plate（单口径高流量接线板）	5/0
	US5265980	Junction plate assembly for a subsea structure（海底结构连接板组装）	4/2
	US4720213	Apparatus for inspecting，cleaning and/or performing other tasks in connection with a welded joint（焊接接头的连接中用于检查，清洗和/或执行其他任务仪器）	4/0
主要技术和产品	Millennium Plus ROV（千年加ROV）；Magnum Plus ROV（万能加ROV）；Maxximum ROV（最大化ROV）；Spectrum ROV（光谱ROV）；Sea Maxx Satellite ROV（海洋最大卫星ROV）；ROV技术、ROV模拟、ROV培训等。		

表5-16　美国洛克希德·马丁公司（Lockheed Martin）

创新机构	美国洛克希德·马丁公司
网址	http：//www.lockheedmartin.com/
联系方式	6801 Rockledge Drive，Bethesda，MD 20817，U.S.A.） 电话：（1-301）897-6000；传真：（1-301）897-6083
专利布局	共检索到9个与水下运载技术和装备相关的专利族，分布在美国、世界知识产权组织

	公开号	专利名称	同族专利数量/被引次数
重要专利	US20120101715	Estimating position and orientation of an underwater vehicle based on correlated sensor data（基于关联的遥感数据估算水下机器人位置和方向）	2/0
	US20120099400	Estimating position and orientation of an underwater vehicle relative to underwater structures（相对水下结构估算水下机器人位置和方向）	2/0
	US20110226176	Clathrate glider with heat exchanger（笼形带有热交换器的滑翔机）	2/0
	US20120137950	Method and system for pressure harvesting for underwater unmanned vehicles（无人水下机器人压力采伐的方法和体系）	1/0
	US8065972	Underwater Vehicle（水下机器人）	1/0
	US20110144836	Underwater investigation system providing unmanned underwater vehicle（uuv）guidance based upon updated position state estimates and related（基于更新的位置状态为无人水下机器人提供引导的水下调查装置）	1/0
	US20060246790	Rechargeable open cycle underwater propulsion system（开放循环式水下推进系统）	1/0
主要产品	马林自治水下机器人		

表5-17　挪威康士伯海事公司（kongsberg simrad）

创新机构	挪威康士伯海事公司		
网址	http：//www.km.kongsberg.com/		
联系方式	总部：TEL：+47 32 28 50 00 Kirkegårdsveien 45 NO-3616 Kongsberg Norway 康士伯控制系统（上海）有限公司：上海浦东新区金桥出口加工区川桥路401号6号楼		
专利布局	与相关的专利族，共检索到17项，分布在英国、挪威、德国、美国、法国、世界、欧洲、加拿大等		
重要专利	公开号	专利名称	同族专利数量/被引次数
	NO-312932	A method and device for detecting physical bottom contact for objects on a sea bottom（针对海底物体探测物理底部的方法和设备）	9/0
	NO-306705	Method and device for tracing an object（追踪目标的方法和设备）	6/0

重要专利	NO-136507	Apparatus to record measurements of distance（记录距离测量的设备）	5/0
	NO-134349	Method and means for recording of information（记录信息的方法）	5/0
	US3742438	Echo sounding apparatus with automatically regulated receiver gain（带有自动调节增益的回声探测仪）	5/0
	NO-134316	Echo simulating probe（回声模拟探头）	4/0
	NO-129708	Transmitter trigger circuit for echo-sounders or similar devices（回声探测仪或类似设备的发射机触发电路）	4/0
主要产品	多波速回声探测仪EM系列		

5.2 海洋监测技术子领域

　　海洋监测服务于与海洋相关的所有活动，如科学研究、资源开发、权益维护、军事安全、环境保护等。监测对象涵盖海洋动力环境、海洋生态环境、水下目标、海底地形地貌与海洋地质灾害等。监测手段主要包括物理方法（利用海洋与大气中的声、光、磁、电、温等）、海洋化学方法以及海洋生物学方法。监测平台主要有岸基、海岛基、海桩基、海床基、星载、机载、船载、海底观测网及其他水下移动观测平台等。海洋监测技术子领域技术分解表见表5-18。

表5-18　海洋监测技术子领域技术分解表

子领域	技术方向	子技术
海洋监测子领域	平台技术	空基平台技术
		岸基平台技术
		水面平台技术
		水下平台技术
	传感器技术	动力要素传感器
		生物化学要素传感器
		目标探测技术
		适用于极端环境的传感器

子领域	技术方向	子技术
海洋监测子领域	遥感技术	海洋微波遥感技术
		海洋光学遥感技术
		卫星组网探测技术
	数据传输与组网技术	海洋通信技术
		组网观测系统技术
	预报技术	大数据与云计算技术
		海洋数值模式技术
		预报预警技术
	海洋大数据技术	大数据驱动的海洋监测探测技术
		大数据辅助决策支持技术

5.2.1 海洋监测技术子领域创新格局

海洋监测技术子领域主要国家指标表现见表5-19。

表5-19 海洋监测技术子领域主要国家指标表现

序号	国家	支撑竞争力	创新竞争力	市场竞争力
1	美国	100.0	100.0	100.0
2	英国	37.7	52.8	85.0
3	法国	47.3	43.7	75.0
4	加拿大	6.0	55.3	85.0
5	中国	35.0	43.8	70.0
6	挪威	16.3	39.2	85.0
7	德国	23.3	39.6	65.0
8	意大利	10.3	47.6	65.0
9	日本	13.3	28.1	75.0
10	西班牙	14.0	27.5	65.0
11	澳大利亚	8.0	32.2	60.0
12	韩国	21.0	29.8	50.0
13	俄罗斯	1.0	13.2	75.0

序号	国家	支撑竞争力	创新竞争力	市场竞争力
14	印度	5.0	37.2	20.0
15	巴西	10.3	21.0	20.0

（1）美国占据领导地位，总体实力排名第一，是全球海洋监测技术领域的引领者。

表5-19显示，美国在研发基础竞争力、科学研究竞争力、技术创新竞争力、市场竞争力上具有绝对领先优势。通过对11项评价指标的综合评定，美国总体实力排名第一，综合得分高于排名第二的英国74个百分点，遥遥领先于其他国家。在科技产出上，近10年，美国贡献了全球约36%的高被引ESI论文、27%的SCI论文及34%的PCT专利。在SCI发文排名前100家机构中，美国机构占40家，机构数量及发文总量是中国的2.5倍；在ESI发文的294家机构中，美国机构112家，占全部机构的38.1%，高被引ESI发文量占55.1%，机构数量约是排在第二位的法国的3倍。在全球SCI发文合作网络中，美国一直处于网络的核心位置，国际合作论文占比达45%。在市场布局上，美国近66%的相关专利布局在海外市场。美国发文数量、高被引论文数量、论文的影响力、PCT专利数量、专利平均被引次数分别为5 000余篇、60篇、17次/篇、182件、7次/件，均居世界首位。由此表明美国无论是在核心技术、科技产出、科技合作网络、技术市场布局等方面都保持其霸主地位。

（2）英国、法国、加拿大、挪威、德国等传统海洋国家具有较强的综合实力。

英国、法国、加拿大、挪威、德国、意大利、日本、西班牙等总体实力位列前10位。近10年全球海洋监测领域ESI发文机构中，法国39家，位居第2位，德国15家、英国11家、西班牙9家、澳大利亚8家，在机构数量排名中位居第4～7位。我国20家，位居第3位。在PCT专利数量上，美国、韩国、英国、日本、挪威分列1～5位，分别占34.5%、13.3%、10.4%、7.2%、7.2%。我国排第6位，占比6.3%。同时，美国在海外布局的专利占美国发明授权专利的比重约为66%，加拿大、意大利高达100%，英国、法国、挪威海外布局专利占比在60%～90%之间。我国海外布局专利占比仅0.9%。根据专家调查结果显示，海洋监测高新技术产品主要集中在美国、德国、法国、挪威及日本。德国的优势产品集中在物理传感器、声学探测仪器、生态传感器等；法国在合成孔径雷达、声学探测仪器方面占据优势；挪威的海洋雷达占据优势；日本的优势产品集中在生态传感器与物理海洋传感器等。这表明传统海洋国家英国、法国、德国、加拿大、挪威、日本、澳大利亚等在学术研究影响力、高新技术及产品等方面依然处于全球产业链、技术链、创新链的高端。

（3）全球形成以美国为中心的大合作网络及欧洲主要海洋国家间的小合作网络格局。

以美国为中心的强合作网络，主要的合作国家为中国、加拿大、日本、法国、德国、英国及印度等。美国在网络合作中具有很强的引领力和影响力，其国际合作高被引论文的数量远高于其他国家，网络中心度指标是我国的2倍，是英国和法国的2.3倍。欧洲国家间的合作网络，以法国和德国为中心，德国、法国、英国、西班牙等相互之间合作紧密，与中国合作较少。

（4）我国海洋监测技术创新能力跻身世界前列。

通过论文规模、质量、影响力及专利规模、国际申请、影响力等指标，得出各国的科技创新能力评价指数。我国的综合实力及科技创新能力水平排在全球第5位，位列美国、英国、法国、加拿大之后。从科研机构数量上看，近10年来，在排名前100位SCI发文机构中，中国的机构数量（16家）及SCI发文数量（3 538篇）均位居全球第二位，超过法国、德国、英国、日本等；中国的ESI发文机构数量位居美国和法国之后，排第三位，20家机构合计ESI发文32篇，高于德国、英国等国家。PCT专利申请机构中，我国机构占7家；申请国际PCT专利18件，机构数量排在第二位，位居美国之后。在科技产出上，10年来我国的SCI发文量和专利数量快速增长，SCI发文增长率达21.5%，远高于美国5.5%的增速，专利年均增长率达47.7%，我国贡献了全球64.7%有效发明授权专利、17.2% SCI论文、7.7%高被引论文以及6.3% PCT专利，专利与论文产出总量排名第1位和第2位。从国际合作网络来看，我国基本处于大合作网络的第二圈层，国际合作论文占比达36.5%，与美国、日本、韩国、印度合作比较密切。从专利布局来看，我国是全球海洋监测技术竞争的重要研究力量和专利技术布局的第二大市场。

5.2.2 海洋监测技术子领域技术布局

（1）在基础科研领域，我国在水下传感器网络、极地观测、海啸预测预警等领域的研究较薄弱。

10年来，全球海洋监测领域的SCI发文量以年均8.1%的平均速度持续增长。基于SCI论文引用的海洋监测技术子领域研究热点图谱显示，全球基础研究主要集中在海洋生态环境监测、海洋预报、海洋动力环境监测、极地遥感、海啸预测预警、水下传感器网络、海岸线检测、海上溢油监测等方向，其中海洋生态环境监测的研究占

35%，海洋预报占17%，海洋动力环境监测占16%，极地观测的研究占10%。另外水下传感器网络、海洋传感器方面的文献也较多，分别占5%和2%。图5-4为海洋监测技术研究热点国家对比气泡图。从国家分布来看，美国涵盖各个技术领域，尤其在海洋环境监测、海洋预报、海洋动力环境监测、极地观测、海啸预测预警领域表现突出；我国位居美国之后，对各个领域的研究产出要比英国、法国等其他国家多，研究较薄弱的是极地观测、海啸预测预警、海上溢油监测等；日本在海啸及海洋预报方面的研究较多，德国和加拿大在极地观测方面研究较多。

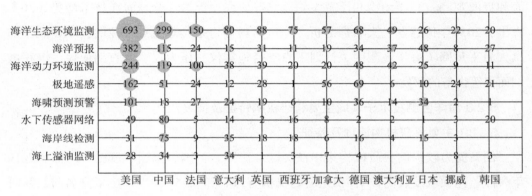

图5-4　海洋监测技术子领域研究热点国家对比气泡图

（2）专利技术主要集中在浮标、无人机、传感器、遥感、数据传输等领域。

10年来，全球海洋监测领域的有效发明授权专利年均增速达47.9%。专利聚类结果显示，全球海洋监测专利技术主要集中在浮标、无人机、传感器、遥感、数据获得与传输等领域，浮标技术的研发集中在系泊、锚泊、阀门等；传感器技术集中在传感器网络、无线传感器、节点布置等；遥感技术主要有激光探测、电路、波束角、雷达等方面的研究；无人机领域涉及了电磁体、多转子、无人机平台等；数据传输领域涉及海洋条件下的光纤通信、数据获取等方面的研究。世界主要海洋国家在海洋生态环境监测、浮标潜标、海洋遥感、海洋动力环境监测、海底监测、无人机平台等领域竞争激烈。与欧美国家相比，我国在各技术领域的专利数量占据优势，在海洋生态环境监测和浮标潜标领域尤为突出，在海底观测和无人机方面相对较弱；美国侧重海底观测与浮标潜标的研究；日本和韩国侧重浮标潜标和海洋遥感技术的研究；英国、法国、德国、挪威等申请的专利较少。

（3）未来研究方向上，全海深传感器、海洋大数据分析和云计算平台、海洋高性能计算技术、传感器网络及实时数据技术、海洋环境综合观测系统集成是全球关注的重点领域。

《美国海洋科技十年规划草案（2018—2028）》资助重点集中在多样化海洋观测传感器体系、分布式战略性传感器网络观测新方法/技术、柔性材料的全海深传感器、海洋大数据分析和云计算平台、海洋高性能计算技术、水下噪声测量新技术、传感器及实时数据技术、飓风强度预测技术、南大洋碳气候观测和建模、用于生物化学观测的Argo浮标、早期海啸和地震预警系统、立方体卫星等传感技术。美国OOI大型海底观测计划和IOOS综合海洋观测计划重点支持海洋观测数据连续、实时地传输等关键技术的研发。英国《2025海洋战略》侧重海洋环境综合观测系统集成，公海和近海观测，海洋动物和浮游生物监测等研究；英国《全球海洋技术趋势2030》提出，2030年传感器、大数据分析、先进材料等将是全球重点关注的技术领域。加拿大海王星网（海洋观测网）计划重点支持地震仪、压力仪、垂直剖面仪、沉积微剖面仪等设备的研发。

5.2.3 海洋监测技术子领域主要科研机构特征及情况

5.2.3.1 主要科研机构梳理及特征

创新能力较强的科研机构集中在美国、法国、英国、德国、挪威、中国。近10年海洋监测领域发表高被引ESI论文的机构有294家。表5-20中列出了排名前25家研究机构，其中美国有20家，法国、挪威、瑞士各1家。这些重点科研机构主要来自欧美国家航空航天系统、国际综合性海洋研究所及大学、国家级海洋研究委员会等。

科研机构重点关注领域包括海洋遥感、海洋预报、海洋观测与建模、海洋传感器、海洋地震、极地及海冰研究。从研究内容来看，这些重点机构的研究主要集中在以下方面：① 海洋遥感（水色监测，海上溢油监测等），机构有美国加州大学、马萨诸塞州大学等；② 海洋预报，如风浪流模型，灾害预警预报建模等，机构有美国得克萨斯大学、华盛顿大学，德国汉堡大学等；③ 海洋观测与建模，机构有美国科罗拉多大学、美国得克萨斯大学等；④ 海洋传感器研究，机构有美国斯克里普斯海洋研究所等；⑤ 海洋地震研究，机构有美国阿拉斯加大学等；⑥ 极地及海冰研究，机构有德国不莱梅大学、挪威气象局等；⑦ 观测浮标及水质监测，主要机构有韩国海洋科学技术研究院、韩国地球科学与矿产资源研究所等。

表5-20　海洋监测技术子领域主要研究机构列表

序号	中文名称	国别	城市	研究方向
1	美国航空航天局戈达德太空飞行中心	美国	马里兰州格林贝尔特	卫星海色观测，Landsat8研究，ICESat-2研究，海潮模型的精度评估，溶解有机质卫星遥感，高光谱红外成像仪

续表

序号	中文名称	国别	城市	研究方向
2	美国大学空间研究协会	美国	哥伦比亚	海色遥感，海洋气溶胶研究，MODIS气溶胶数据研究
3	加州大学圣巴巴拉分校（地理学系，地球研究中心，海洋科学研究所）	美国	圣塔芭拉市	海洋溢油遥感，海色遥感，海洋碳汇评估，嗜铬等溶解有机质分布研究
4	马里兰大学	美国	马里兰州大学公园市	卫星遥感，气体和气溶胶相互作用，全球气候变化研究，灾害预警
5	加州大学欧文分校地球科学系	美国	尔湾市	大气-海洋环流模型，海洋预报模型，海冰研究，大气化学、生物地球化学循环、物理气候等研究
6	加州大学圣迭戈分校	美国	圣迭戈	海色遥感，海洋重力模型研究，海洋与大气研究
7	科罗拉多大学	美国	博尔德市	海洋观测与建模，大气-海洋耦合环流模型，海冰对大气与海洋的影响研究，厄尔尼诺研究
8	伍兹霍尔海洋研究所海洋化学与地球化学系	美国	伍兹霍尔	应用海洋物理、地质和地球物理学、海洋化学和地球化学、物理海洋学、海洋电场传感器、海洋碳汇
9	波士顿大学地球与环境系	美国	马萨诸塞州波士顿	卫星遥感，全球气候变化研究，CDOM和DOC算法研究，滨海水质和生物地球化学状态、潮汐状态监测
10	纽约市立大学城市学院地球与大气科学系	美国	纽约	水色遥感，CDOM和DOC算法研究，滨海水质和生物地球化学状态、潮汐状态监测
11	欧洲航天局	法国	巴黎	海洋气候变化，海洋通信卫星，遥感卫星，海色传感器，散射计，微波辐射计等
12	美国大西洋海洋学和气象学实验室	美国	华盛顿	海洋-大气耦合环流模型，风、波浪和海岸环流模型，飓风、风暴潮和厄尔尼诺机制研究
13	挪威气象局	挪威	奥斯陆	海洋监测，潮汐建模，极地海冰研究
14	斯克利普斯海洋研究所	美国	圣迭戈	海洋传感器，海洋遥感，海冰研究
15	得克萨斯农工大学	美国	得克萨斯州大学城	海洋地质学研究，卫星遥感，海洋观测与建模
16	阿拉斯加大学费尔班克斯分校	美国	费尔班克斯市	卫星遥感，海洋地震，海冰研究

序号	中文名称	国别	城市	研究方向
17	不莱梅大学	德国	不莱梅	卫星遥感，海冰研究
18	科罗拉多大学博尔德分校国家冰雪数据中心	美国	博尔德市	冰川、冰盖、海冰、冰架研究
19	汉堡大学	德国	汉堡	海洋气候变化，海潮模型研究
20	马萨诸塞州大学	美国	安姆斯特镇（Shrewsbury）	卫星遥感，海色遥感
21	内布拉斯加大学林肯分校	美国	林肯市	卫星遥感
22	圣母大学土木工程及地质科学学系	美国	南本德市	风、浪、流耦合模型，飓风、风暴潮等海洋灾害预报建模
23	得克萨斯大学奥斯汀分校	美国	奥斯汀市	风、浪、流耦合模型，飓风、风暴潮预报模型
24	华盛顿大学物理实验室	美国	西雅图	声学研究，海气耦合与遥感，海潮模型，极地研究
25	瑞士苏黎世大学地理系遥感实验室	瑞士	苏黎世	海洋卫星遥感，全球气候变化研究，地球表面动力学与过程研究，卫星图像光学深度研究

5.2.3.2 重点科研机构

以下为美国航空航天局戈达德太空飞行中心、美国大学空间研究协会、得克萨斯大学奥斯汀分校、华盛顿大学物理实验室的文献研究情况，见表5-21—表5-24。

表5-21 美国航空航天局戈达德太空飞行中心（NASA，Goddard Space Flight Center）

创新机构	美国航空航天局戈达德太空飞行中心
网址	https://www.nasa.gov/goddard
联系方式	地址：NASA's Goddard Space Flight Center Public Inquiries Mail Code 130 Greenbelt，MD 20771 电话：301-286-2000 USA
文献热点	卫星海色观测，Landsat8研究，ICESat-2研究，全球正压海潮模型的精度评估，溶解有机质卫星遥感，高光谱红外成像仪，海洋气溶胶光学深度趋势

续表

题目	被引次数
Landsat-8: Science and product vision for terrestrial global change research（Landsat-8：全球陆地变化研究的科学和产品愿景）	592
The Collection 6 MODIS aerosol products over land and ocean（收集陆地和海洋上的6种MODIS气溶胶产品）	528
A decade of satellite ocean color observations（十年的卫星海洋颜色观测）	290
A Non-Stationary 1981—2012 AVHRR NDVI3g Time Series（1981—2012年AVHRR NDVI3非平稳时间序列）	283
Early on-orbit performance of the visible infrared imaging radiometer suite onboard the Suomi National Polar-Orbiting Partnership（S-NPP）satellite（Suomi国家极轨合作伙伴（S-NPP）卫星上可见光红外成像辐射计组件的早期在轨性能）	194
Validation and uncertainty estimates for MODIS Collection 6 Deep Blue "aerosol data"（MODIS收集6深蓝"气溶胶数据"的验证和不确定性估计）	194
Global and regional trends of aerosol optical depth over land and ocean using SeaWiFS measurements from 1997 to 2010（1997—2010年利用SeaWiFS测量的陆地和海洋气溶胶光学深度的全球和区域趋势）	145
An introduction to the NASA Hyperspectral InfraRed Imager（HyspIRI）mission and preparatory activities（介绍美国国家航空航天局光谱红外成像仪（HyspIRI）的任务和准备活动）	118
Accuracy assessment of global barotropic ocean tide models（全球正压海洋潮汐模式的精度评估）	105

其中最左侧纵向合并单元格为"高被引文献"，表格最后一行：

主要技术和产品	海洋遥感卫星

表5-22　美国大学空间研究协会（Universities Space Research Association，USRA）

创新机构	美国大学空间研究协会
网址	https：//www.usra.edu
联系方式	地址：7178 Columbia Gateway Drive Columbia，MD 21046 电话：410-730-2656
文献热点	海色遥感，海洋气溶胶研究，MODIS气溶胶数据研究

	题目	被引次数
高被引文献	The Collection 6 MODIS aerosol products over land and ocean（收集陆地和海洋上的6种MODIS气溶胶产品）	528
	Validation and uncertainty estimates for MODIS Collection 6 Deep Blue "aerosol data"（MODIS收集6种深蓝"气溶胶数据"的验证和不确定性估计）	194
	Global and regional trends of aerosol optical depth over land and ocean using SeaWiFS measurements from 1997 to 2010（1997—2010年利用SeaWiFS测量的陆地和海洋气溶胶光学深度的全球和区域趋势）	145
	The vegetation greenness trend in Canada and US Alaska from 1984—2012 Landsat data（1984—2012年加拿大和美国阿拉斯加州植被绿度变化趋势）	75
	MODIS Collection 6 aerosol products："Comparison between Aqua's e-Deep Blue, Dark Target, and merged" data sets（MODIS收集6个气溶胶产品：Aqua的e-深蓝、暗目标和合并的"数据集"之间的比较）	75
	The Ice, Cloud, and land Elevation Satellite-2（ICESat-2）：Science requirements, concept, and implementation（冰、云和地面高程卫星2号（ICESat-2）：科学要求、概念和实施）	41
	An overview of approaches and challenges for retrieving marine inherent optical properties from ocean color remote sensing（海洋彩色遥感提取海洋固有光学特性的方法与挑战综述）	17
研究领域	天文学和天体物理学 材料和流体在空间环境中的行为 计算机科学 地球科学 人类生理在空间环境中的作用 为空间和地球科学的学生提供沉浸式的培训 月球与行星科学 数值及应用数学与航天技术的发展	

表5-23　得克萨斯大学奥斯汀分校（University of Texas at Austin）

创新机构	得克萨斯大学奥斯汀分校
网址	https：//www.utexas.edu/
联系方式	地址：Austin，TX 78705 电话：512-471-3434
文献热点	风、浪、流耦合模型，飓风、风暴潮预报建模

	题目	被引次数
高被引文献	Modeling hurricane waves and storm surge using integrally-coupled，scalable computations（使用集成耦合、可扩展的计算对飓风波和风暴潮进行建模）	213
	A high-resolution coupled riverine flow，tide，wind，wind wave，and storm surge model for Southern Louisiana and Mississippi. Part I：Model development and validation（路易斯安那州南部和密西西比州高分辨率耦合河流、潮汐、风、风浪和风暴潮模型。第一部分：模型开发和验证）	190

表5-24　华盛顿大学物理实验室（University of Washington，Applied Physics Laboratory）

创新机构	华盛顿大学物理实验室	
网址	http：//www.apl.washington.edu	
联系方式	地址：Applied Physics Laboratory University of Washiington 1013 NE 40th Street Box 355640 Seattle，WA 98105-6698 电话：206-543-1300 传真：206-543-6785 E-mail：webadmin@apl.washington.edu	
文献热点	海潮模型的精度评估，北极海冰研究	
高被引文献	题目	被引次数
	Decline in Arctic sea ice thickness from submarine and ICESat records：1958—2008（根据潜艇和ICESat记录：1958—2008年北极海冰厚度的下降）	472
	Accuracy assessment of global barotropic ocean tide models（全球正压海洋潮汐模式的精度评估）	105
研究领域	声学研究，海气耦合与遥感，海洋工程，海洋物理，极地科学	

5.2.4 海洋监测技术子领域企业特征及情况

5.2.4.1 主要企业梳理及特征

　　主要的产业研发机构分布在美国、挪威、韩国、德国、英国、中国，企业数量占比76%。近10年，海洋监测领域申请国际PCT专利在2件以上的机构有62家，主要分布在美国、挪威、韩国、德国、英国、中国等，其中企业数量有47家，占比76%。综合考虑市场产品情况及国际PCT专利申请情况，表5-25列出了主要的22家机构，其中14家来自美国，挪威、德国、韩国各2家，英国、荷兰各1家，这些重点机构主要为油气能源公司、电气公司、地球物理公司、军工企业等。

产业技术主要集中在海洋物理传感器、观测平台、海洋灾害预警、海洋遥感、海洋地震勘探、海底传感器组网、布置等。这些主要的产业研发机构申请的专利技术主要集中在以下几个方向：① 海洋物理参数传感器，如美国YSI公司、美国亚迪公司、挪威PGS地球物理公司等；② 观测平台技术（包括浮标、水下机器人等），如韩国海洋科学技术研究院的溢油浮标、美国通用电气海底声学监测平台等；③ 海洋灾害预警预报，如德国阿特拉斯海啸预警系统；④ 海洋遥感技术，如美国雷神公司的船用雷达、声波深度探测器、全球卫星定位接收机等；⑤ 海洋地震勘探，主要集中在美国、挪威等一些油气公司，如美国斯伦贝谢、美国壳牌、挪威马格塞斯公司等；⑥ 海底传感器组网、节点布置，如德国西门子公司、美国通用电气、英国海底七有限公司等。

表5-25 海洋监测技术子领域主要产业技术研发机构

序号	中文名称	国家	主要专利技术	机构类型
1	美国YSI公司	美国	传感器、海流计、测波浮标	企业
2	德国西门子公司	德国	水下传感器组件	企业
3	韩国海洋科学技术研究院	韩国	危险/有害物质跟踪浮标，光学分析装置，海上溢油跟踪浮标，波浪高度和海底水温观测	科研院所
4	美国斯伦贝谢公司	美国	光学传感器，海洋地震电缆监测，水下声学监测	企业
5	美国哈里伯顿能源服务公司	美国	水下传感器，水下环境监测	企业
6	挪威马格塞斯公司	挪威	水下地震勘探，水下数据通信	企业
7	美国卡梅隆国际	美国	水下位置监测，水下压力传感器	企业
8	美国通用电气	美国	水下传感器，海底传感器装配，定容温度压力传感器，海底声学监测平台	企业
9	英国海底七有限公司	英国	水下传感器部署，浮标锚固	企业
10	德国阿特拉斯电子公司	德国	水下传感器，海底传感器，水下监测方法，海啸预警系统，通信浮标	企业
11	荷兰辉固国际集团	荷兰	水下观测装置，水下无线光通信，水下传感器布置，海底探测系统	企业
12	美国沙特阿拉伯石油公司	美国	测量水下电磁场的传感器	企业

序号	中文名称	国家	主要专利技术	机构类型
13	美国壳牌	美国	海洋地震资料采集系统与方法，海底运动的监测	企业
14	美国亚迪公司	美国	CTD传感器，海流计，多普勒流速剖面仪（ADCPs），H-ADCP型大量程水平测流/测波仪，多普勒测速仪（DVLs）	企业
15	美国费尔菲尔德工业公司	美国	水下地震勘探，水下数据通信	企业
16	韩国地球科学与矿产资源研究所	韩国	海水中甲烷的测定，沿海地下水监测	科研院所
17	美国雪佛龙石油公司	美国	海底地震成像，水下航行器及传感器，水下流量监测装置	企业
18	美国康菲石油公司	美国	海洋地震测量，浮式海底平台，海冰数据采集、处理、冰体跟踪预报	企业
19	美国GECO技术公司	美国	海洋地震探测，地震数据处理	企业
20	美国雷神公司	美国	船用雷达，声波深度探测器，无线电设备，自动领航装置，探鱼仪，全球卫星定位接收机	企业
21	美国西方奇科公司	美国	海洋地震电缆，地震勘探，电磁测量，海洋地震数据处理	企业
22	挪威PGS地球物理公司	挪威	海洋地球物理传感器，船舶拖曳传感器	企业

5.2.4.2 重点企业

以下为美国海鸟公司、美国亚迪公司、美国红杉树科学仪器公司、美国CODAR海洋传感器公司等重点企业的专利布局、重要专利情况，见表5-26—表5-37。

表5-26 美国海鸟公司（Sea-Bird Scientific）

创新机构	美国海鸟公司
网址	https：//www.seabird.com
联系方式	地址：Bellevue Sea-Bird Building Sea-Bird Electronics 13431 NE 20th St Bellevue，WA 98005 USA 电话：+1 425 643-9866
专利布局	检索到2项有关水体测量装置、剖面仪方面的专利，在美国公开。

重要专利	公开号	专利名称	同族专利数量/被引次数
	US20080089176	Method and apparatus for controlling the motion of an autonomous moored profiler（一种控制自主系泊剖面仪运动的方法和装置）	3/2
	US20170261422	Transmissometer manifold（大气透射表箱）	3/0
主要产品	海水盐度、温度、压力、溶解氧、荧光、营养物质等海洋参数测量传感器，光学传感器，微波辐射计，AUV/ROV传感器，水采样器等。		

表5-27　美国亚迪公司（Teledyne RD Instruments）

创新机构	美国亚迪公司
网址	http：//www.teledynemarine.com/rdi/
联系方式	地址：Teledyne RD Instruments USA San Diego Facility 14020 Stowe Drive Poway，CA 92064 电话：+1 858 842 2600 24/7 Phone Support：+1.858.842.2700 传真：+1.858.842.2822 E-mail：rdisales@teledyne.com 地址：Shanghai 200122 China. 电话：+86 21 6867 1428 传真：+86 21 5830 3141 E-mail：zhanping.xi@teledyne.com
专利布局	共检索到34个专利族，布局在美国、欧洲专利局、英国、德国、法国、挪威、加拿大、中国、日本、丹麦等国

重要专利	公开号	专利名称	同族专利数量/被引次数
	CN102680977	System and method for acoustic doppler velocity processing with a phased array transducer（用相控阵换能器进行声多普勒速度处理的系统和方法）	4/4
	CN104870940	System and method for water column aided navigation（水柱辅助导航系统与方法）	6/4
	US20100302908	System and method for determining wave characteristics from a moving platform（从移动平台确定波特性的系统和方法）	11/11

续表

重要专利	US20100039899	System and method of range estimation（距离估计的系统和方法）	6/4
	CN101542295	System and method for acoustic doppler velocity processing with a phased array transducer（用相控阵换能器进行声多普勒速度处理的系统和方法）	11/8
	US20030214880	Frequency division beamforming for sonar arrays（声纳阵的分频波束形成）	3/33
主要技术和产品	CTD传感器，海流计，多普勒流速剖面仪（ADCPs），H-ADCP型大量程水平测流/测波仪，多普勒测速仪（DVLs）		

表5-28　美国红杉树科学仪器公司（Sequoia Scientific，Inc.）

创新机构	美国红杉树科学仪器公司		
网址	http：//www.SEQUOIASCI.com/		
联系方式	地址：Sequoia Scientific，Inc. 2700 Richards Road，Suite 107 Bellevue，WA 98005 USA 电话：1（425）641-0944 传真：1（425）643-0595 E-mail：info@sequoiasci.com		
专利布局	共检索到4个专利族，布局在美国、澳大利亚、世界知识产权组织		
	公开号	专利名称	同族专利数量/被引次数
重要专利	US6466318	Device for measuring particulate volume and mean size in water（测量水中颗粒体积和平均大小的装置）	1/2
	US3594084	Monochromator apparatus having improved grating rotation means（改进了光栅旋转方式的单色仪）	1/4
	US3245305	Radiation compensation for light sources in spectrometric apparatus（分光计中光源的辐射补偿）	1/6
	WO9958953	Device for measuring particulate volume and mean size in water（测量水中颗粒体积和平均大小的装置）	2/0
主要技术和产品	水质分析仪、激光粒度仪、泥沙传感器、沉降速度传感器		

表5-29　美国CODAR海洋传感器公司（CODAR Ocean Sensors）

创新机构	美国CODAR海洋传感器公司		
网址	http://www.codar.com/		
联系方式	地址：CODAR Corporate Headquarters 1914 Plymouth Street, Mountain View, California 94043 USA 电话：+1（408）773-8240 传真：+1（408）773-0514 E-mail：info@codar.com 地址：CODAR Europe Toronga, 31 Madrid, ES-28043 SPAIN 电话：+34 911263423 传真：+34 911263424 E-mail：info@codar.com		
专利布局	共检索到11项地波雷达专利族，分布在美国、中国、日本、德国、英国、韩国。		
重要专利	公开号	专利名称	同族专利数量/被引次数
	CN107831474	Coastal radar system（沿海雷达系统）	4/0
	CN107369297	Systems for tsunami detection and warning（海啸探测和预警系统）	5/1
	CN105182327	Negative pseudo-range processing with multi-static fmcw radars（多静态fmcw雷达负伪距离处理）	6//5
	CN101958462	Combined transmit/receive single-post antenna for hf/vhf radar（用于hf/vhf雷达的发射/接收组合单柱天线）	6/7
	CN101504461	System for monitoring river flow speed parameter using vhf/uhf radar station（利用甚高频/超高频雷达站监测河流流速参数的系统）	7/10
	GB2403853	Circular superdirective receive antenna arrays（圆形超指令接收天线阵）	8/124
	GB2393871	Multi-station hf fmcw radar frequency sharing with gps time modulation multiplexing（多站高频fmcw雷达频率共享与gps时间调制复用）	3/2
	US20030213291	Radio wave measurement of surface roughness through electromagnetic boundary conditions（电磁波通过电磁边界条件测量表面粗糙度）	2/2

	公开号	专利名称	同族专利数量/被引次数
重要专利	GB2383217	Multi-station radar frequency sharing with gps time modulation multiplexing（多站雷达频率共享与gps时间调制复用）	21/45
	US5990834	Radar angle determination with music direction finding（雷达角度的确定与音乐测向）	1/18
	US5361072	Gated fmcw df radar and signal processing for range/doppler/angle determination（门控fmcw df雷达和用于距离/多普勒/角度确定的信号处理）	1/77
主要产品	SeaSonde高频海表流测量系统，RiverSonde高频河流测量系统		

表5-30　美国Falmouth科学仪器有限公司（Falmouth Scientific，Inc.，FSI）

创新机构	美国Falmouth科学仪器有限公司		
网址	www.falmouth.com		
联系方式	地址：1400 Route 28A，PO Box 315 Cataumet，MA 02534-0315，USA 电话：+1-508-564-7640 E-mail：cmancuso@Falmouth.com		
专利布局	检索到2项专利家族，分布在澳大利亚、加拿大、日本、美国、世界知识产权组织、德国、欧洲专利局		
	公开号	专利名称	同族专利数量/被引次数
重要专利	US5959455	Fluid conductively sensor（液电传感器）	5/16
	US5455513	System for measuring properties of materials（材料性能测量系统）	11/22
主要产品	温度，深度，电导率，盐分，声速，海流，波浪，潮汐传感器等海洋多参数传感器，CTD传感器，海流计，声学产品（包括SAUV，声呐，浮标和远程监测系统）		

表5-31　日本鹤见精机有限公司（TSK，The Tsurumi-seiki Co.，Ltd.）

创新机构	日本鹤见精机有限公司
网址	http：//www.tsk-jp.com
联系方式	地址：2-2-20，Turumi-Chuo，Turumi-ku，Yokohama，Kanagawa 230-0051 Japan 电话：045-521-5252，传真：045-521-1717 E-mail：sales@tsk-jp.com，trade@tsk-jp.com
专利布局	共检索到32项专利族，分布在日本、美国、加拿大、德国、法国、挪威、欧洲专利局

	公开号	专利名称	同族专利数量/被引次数
重要专利	JP2015209039	Device for automatically measuring oceanographic phenomenon observation data（海洋观测数据自动测量装置）	1/0
	JP2012171460	Float device（漂浮设备）	2/0
	JP2011209228	Ocean data measurement device and ocean data measurement method（海洋数据测量装置和测量方法）	2//0
	JP2016003517	Water bottom rock sampler（海底岩石取样器）	2/0
	CN102596703	Float device（漂浮装置）	11/13
其他专利公开号	JP2008064494，US20090282723，JP2008032619，US20080087209，JP2006249007，US20080164365，JP2005221382，US20050242332，JP2003127974，JP2002145177，JP11222199，USD397628，JP10019612，JP3031867，GB2302737，JP08201289，JPH07253329，JPH0686039，JP06018518，JP05239818，JPH05188030，JPH0412250，JP04012252，JP03274482，US5189909，JP62157181，US4552016		
主要产品	XCTD，水质监测仪，水污染计，流向流速计，采水器，采泥器，波高潮位计，多项目水质自动监视装置，浊度水温计		

表5-32 荷兰Datawell公司（Datawell BV）

创新机构	荷兰Datawell公司		
网址	http：//datawell.nl		
联系方式	地址：Purchasing，R&D and management Datawell Haarlem Address Zomerluststraat 4 2012 LM Haarlem The Netherlands 电话：+31 23 531 4159 传真：+31 23 531 1986 E-mail：info@datawell.nl		
专利布局	检索到29项专利家族，分布在荷兰、德国、法国、美国、英国、日本、欧洲专利局		
重要专利	公开号	专利名称	同族专利数量/被引次数
	NL1017854	Anchor，especially for buoy，includes mechanism for taking in or paying out anchor line as water level rises and falls（锚，特别是浮标，包括在水位升降时收放锚索的机构）	1/4

续表

重要专利	NL1017621	Signal analysis system which is used to compensate for errors in global positioning system, caused by atmospheric conditions（用于补偿全球定位系统中由于大气条件引起的误差的信号分析系统）	1/1
	US5237872	Angular velocity sensor（角速度传感器）	7/9
主要产品	MK III型测波浮标，GPS型测波浮标，波浪骑士（Waverider系列浮标）		

表5-33　荷兰RADAC公司

创新机构	荷兰RADAC公司
网址	https：//radac.nl
联系方式	地址：Radac B.V. Elektronicaweg 16b 2628 XG Delft The Netherlands 电话：+31 15 890 32 03 E-mail：info@radac.nl
主要产品	WaveGuide平台测波仪，WaveGuide船用测波仪，WaveGuide波向测量系统，雷达水位计/潮位计/潮位仪/验潮仪

表5-34　意大利Idronaut公司

创新机构	意大利Idronaut公司		
网址	http：//www.idronaut.it		
联系方式	电话：+39 039 879656 传真：+39 039 883382 E-mail：idronaut@idronaut.it		
专利布局	检索到2项专利家族，分布在欧洲专利局、法国、意大利、美国		
重要专利	公开号	专利名称	同族专利数量/被引次数
	IT9048201	Flow sensors for continuous potentiometric determination of ions in solution on microsamples and process for their implementation（用于微样品溶液中离子连续电位测定的流量传感器及其实现过程）	3/0
	US5865972	Integrated electrochemical microsensors and microsystems for direct reliable chemical analysis of compounds in complex aqueous solutions（集成电化学微传感器和微系统，可直接可靠地分析复杂水溶液中的化合物）	4/12

续表

主要产品	七电极电导率传感器，300系列温盐深传感器，深度7 000米以下的CTDs、海水深度、温度、电导率、盐度、氧气、pH、氧化还原等传感器、剖面监测软硬件系统等

表5-35　德国CONTROS公司（CONTROS SYSTEMS & SOLUTIONS GMBH）

创新机构	德国CONTROS公司		
网址	http：//www.contros.eu		
联系方式	地址：Headquarter Wischhofstr. 1-3 Kiel Schleswig-Holstein 24148 Germany E-mail：d.esser@contros.eu 电话：+4943126095900 传真：+4943126095901		
专利布局	共检索到2项专利族，分布在加拿大、德国、欧洲专利局、美国、法国、英国、意大利、挪威		
重要专利	公开号	专利名称	同族专利数量/被引次数
	US20090241637	Device for recording measurement data（记录测量数据的装置）	10/7
	US20130217140	Device for detection of a partial pressure and method for its operation（分压检测装置及其操作方法）	8/3
主要产品	水下传感器系统，用于监测碳氢化合物（如甲烷）、二氧化碳、水中的石油（多环芳烃，聚乙二醇），如Hydro C走航甲烷传感器，Hydro C走航二氧化碳传感器，Hydro C水下甲烷传感器，Hydro C水下二氧化碳传感器		

表5-36　德国Helzel Messtechnik GmbH公司

创新机构	德国Helzel Messtechnik GmbH公司
网址	https：//helzel-messtechnik.de/
联系方式	地址：Carl-Benz-Str. 9 D-24568 Kaltenkirchen Germany 电话：+49（0）4191 9520-0 传真：+49（0）4191 9520-40 E-mail：hzm@helzel.com
主要产品	Helzel Messtechnik 公司WERA海洋雷达系统（阵列式高频地波雷达海态探测技术），射频系统及传感器

表5-37　加拿大AML公司（AML Oceanographic）

创新机构	加拿大AML公司	
网址	https://amloceanographic.com/	
联系方式	电话：+1 250-656-0771 地址：2071 Malaview Avenue Sidney，BC，V8L 5X6 Canada	
专利布局	共检索到1项水下声速传感器专利，该项专利有4个同族专利，分布在美国、加拿大、欧洲专利局和世界知识产权组织。	
重要专利	公开号	专利名称	同族专利数量/被引次数
	US20180252574	Sound velocity sensor for underwater use and method for determining underwater sound velocity（水下声速传感器及测速方法）	4/0
主要产品	CTD剖面仪，SVP声速仪，MVP走航式多参数剖面测量系统，OEM传感器	

5.3 海洋生物医药技术子领域

海洋生态环境特殊，蕴藏着丰富的生物资源。据统计，目前已从海洋生物中分离提取出50 000余种化合物，经实验证实具有生物活性的化合物有5 000余种，包括生物碱类、萜类、大环聚酯类、肽类、聚醚类及多糖类等化合物，海洋生物活性物质具有抗肿瘤、抗病毒、抗真菌、抗心血管疾病、抗阿尔茨海默病以及抗疲劳、增强免疫、延缓衰老等功效，广泛用于研发海洋功能药物和生物制品。海洋生物医药技术子领域技术分组参见表5-38。

表5-38　海洋生物医药技术子领域技术分解表

子领域	子技术	（关键）技术
海洋生物医药	海洋药物先导化合物的规模化制备与成药性评价技术	海洋药源生物共附生菌规模发酵
		先导化合物的规模化制备
		先导化合物的成药性评价
	海洋创新药物研究开发工程化技术	海洋生物活性物质提取分离工程化技术
		海洋生物活性物质化学合成工程化技术
		药用藻类大量生物培养、浓缩、收集的工程化技术

续表

子领域	子技术	（关键）技术
海洋生物医药	海洋药物先导化合物高效发现与靶标确证新技术	先导化合物的发现与结构鉴定
		活性化合物的药理机制
		活性化合物的靶点发现
	海洋天然产物高通量活性筛选技术	海洋天然产物药理筛选建模
		生物信息分析技术
		动物模型构建
	化学生态学与基因组学指导下的海洋药用生物新资源挖掘技术	海洋生物基因组学
		基因表达调控技术
		海洋生物宏基因技术
	海洋活性分子的结构优化与仿生规模化合成技术	海洋活性分子药物化学
		海洋活性分子化学全合成
		海洋活性分子合成工艺
	海洋共生生物药源分子的产生菌挖掘与高效生物合成制备技术	药源分子的异源表达
		表观遗传技术
		生物合成
	新型海水养殖动物疫苗分子设计技术	海洋病原感染研究技术
		注射疫苗设计技术
		黏膜疫苗设计技术
	高附加值海洋生物酶制剂技术	高附加值海洋生物酶的发现
		高附加值海洋生物酶的催化特性与改造
		高附加值海洋生物酶的产品研制与产业化
	新型海洋生物功能材料成型精密加工技术	海洋生物径向支撑管材加工制备技术
		海洋生物弹性凝胶体加工制备技术
	新型海洋生物功能材料设计与改性技术	海洋生物诱导修复材料设计与改性技术
		海洋生物组织工程材料设计与改性技术
	现代海洋中药开发技术	海洋中药的质量控制
		海洋中药组分配伍
		海洋中药药理机制

5.3.1 海洋生物医药技术子领域创新格局

海洋生物医药技术子领域论文及专利检索主要采用有关海洋、药物、抗病功能的关键词，常用的海洋生物种类、生物成分，国内外批准上市、进入临床研究的海洋药物名称，结合数据库中相关医、药、病种分库，进行检索筛选，时间跨度为2009—2019年，检索日期为2019年6月10日，共检索论文10 441篇，发明授权专利7 111件，PCT专利3 126件。

美国在海洋生物医药领域占据了绝对优势，其次是英、德、法等传统海洋国家，我国的表现一般。各国的研发重点基本集中在抗肿瘤、抗病毒、抗真菌、抗心血管疾病、抗阿尔茨海默病以及抗疲劳、增强免疫、延缓衰老等活性物质的研究。海洋生物医药技术子领域主要国家指标表现见表5-39。

表5-39　海洋生物医药技术子领域主要国家指标表现

国家	支撑竞争力	创新竞争力	市场竞争力
美国	100.0	100.0	100.0
英国	13.0	49.1	70.0
德国	11.0	43.8	75.0
法国	16.9	43.0	60.0
西班牙	10.8	38.0	70.0
中国	29.7	40.8	40.0
日本	19.5	32.3	50.0
意大利	10.2	47.0	20.0
印度	17.4	30.2	40.0
挪威	2.6	35.7	40.0
韩国	10.7	28.2	45.0
澳大利亚	5.9	39.6	20.0

（1）美国在研发支撑能力、科技总体实力、市场竞争力方面都处于全球领先水平，其他国家与其相比差距悬殊。

美国SCI发文数量10篇以上的机构有134家，分别是排名第2、3位法国、中国的近3倍；PCT专利5件以上的机构有74家，数量是排名第2位日本的7倍多。美国发文数量、高被引论文数量、论文的影响力、PCT专利数量、专利平均被引次数分别为2 249篇、20篇、19.8次/篇、1 348件、8.3次/件，均居世界首位。

（2）我国在海洋生物医药技术研究领域发展迅速但影响力不够。

我国在主要国家实力总指数得分中排名第六，但近年来不断有新的研发机构和企业参与到海洋药物研究中，在支撑竞争力得分中排名第2位，与除美国外的其他国家拉开较大的距离；发明授权专利（3 840件）排名第1位，是排名第2位美国的3倍；SCI发文数量排名第2位，是排名第3位法国的近2倍。在发文趋势上中国呈现较快增长态势，2017、2018年的年发文量超过美国，论文数量分别达到了218、251篇。在10个对标国家中，中国在SCI发文数量上仅次于美国，但高被引论文仅有5篇，排名第5位，引文影响力排名最低；发明授权专利数量远超第2位，但PCT专利数量仅排名第4位，专利被引次数1.7次/件，仅高于韩国和西班牙。总体而言，中国在机构数量上占据优势，但在产出能力、市场占有率方面均排名在前五以外，落后于美、英、德、法等国家。

（3）中美对比差距明显。

中国SCI发文数量约为美国的65%，高被引论文数量是美国的25%，引文影响力是美国的55%。中美在国际合作论文比重方面差距明显，美国的指数值是中国的2倍以上，美国的国际合作较为活跃。专利方面，中美的PCT专利数分别是198件、1 348件，美国专利数量是中国的6倍；中美在专利影响力（次/件）及海外专利占比（%）方面的差距则更为明显；美国的PCT专利年申请量呈现缓慢下降的趋势，但每年的申请量仍远高于中国，中国在 2015年后的年申请量有了较大的上升，但与美国仍存在巨大的差距。相关数据见图5-5、图5-6、图5-7。

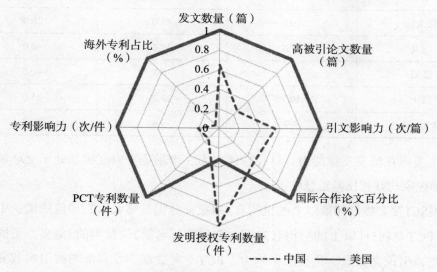

图5-5　海洋生物医药技术子领域中美专利/论文产出指标对比

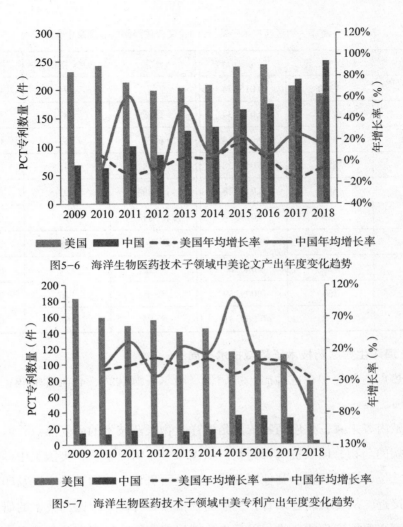

图5-6 海洋生物医药技术子领域中美论文产出年度变化趋势

图5-7 海洋生物医药技术子领域中美专利产出年度变化趋势

（4）形成以美国为中心及以欧美国家为主的两大合作网络，中国与美国的合作较为紧密。

文献聚类显示，海洋生物医药技术子领域的研究主要分为两个合作网络，一是以美国为中心的合作网络，二是欧美国家为主形成的合作网络。以美国为中心的合作网络，主要的合作国家有澳大利亚、中国、日本、韩国、英国、德国、法国等。此外，英国、法国、意大利、西班牙等欧洲国家之间的合作也比较紧密。我国与美国、日本、韩国等国家存在较为密切的合作关系，但国际合作发表论文比重仅为全部论文的22.25%，在主要海洋国家间处于非常低的水平。从国家合作网络加权中心度和中介中心性的数值来看，中国的数据排名都较低，表明目前我国全球海洋科技的引领力和影响力还不强，全球海洋科技合作网络枢纽节点地位尚未确立（表5-40）。

表5-40　海洋生物医药技术子领域SCI论文合作网络中心度及中介中心性

国家	加权中心度	中介中心性	国家	加权中心度	中介中心性
美国	1362	0.015334	葡萄牙	294	0.007692
法国	719	0.015334	挪威	287	0.006048
西班牙	594	0.011034	荷兰	253	0.010728
德国	582	0.010728	巴西	242	0.007593
英国	553	0.011478	比利时	207	0.009383
意大利	515	0.015334	沙特阿拉伯	199	0.010929
澳大利亚	485	0.014349	新西兰	178	0.008693
中国	426	0.006585	埃及	177	0.005807
加拿大	363	0.009259	瑞士	176	0.009245
日本	358	0.009331	韩国	168	0.003065

5.3.2 海洋生物医药技术子领域技术布局

研究热点主要集中在抗肿瘤、抗病毒、阿尔茨海默病、心血管疾病、镇痛、糖尿病等方面。

从文献内容来看，抗癌药物依然是海洋生物医药技术的研发热点，其次是治疗心血管疾病的药物，以及抗病毒药物。从国家分布情况来看，美国、中国分别排名第一、第二位，遥遥领先于其他国家，其次是西班牙、韩国、日本以及印度，文献数量比较接近。从专利内容来看，抗癌药物依然是海洋生物医药技术的研发热点，其次是治疗心血管疾病的药物，以及治疗糖尿病药物。从国家分布情况来看，美国排名第一，遥遥领先于其他国家，韩国排名第二位，中国第三位，其次是日本、德国、英国、法国以及印度。相关数据见图5-8、图5-9。

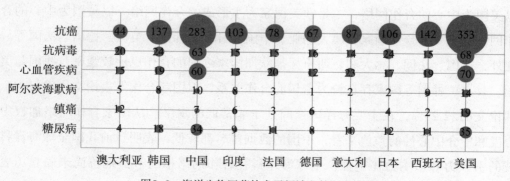

图5-8　海洋生物医药技术子领域文献研发热点

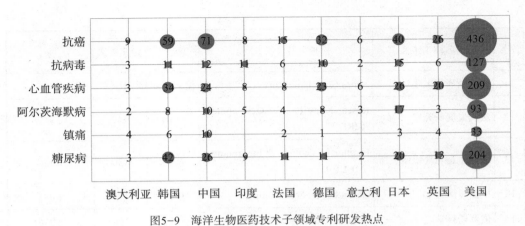

图5-9 海洋生物医药技术子领域专利研发热点

5.3.3 海洋生物医药技术子领域主要科研机构特征及情况

5.3.3.1 主要科研机构梳理及特征

近10年海洋生物医药领域SCI发文数超过100篇的研发机构有19家，超过50篇的有78家，其中科研机构77家。以下给出了19家科研机构的基本情况，包括机构所在的国家、发文的数量、被引总量，详见表5-41。研发机构按被引总量降序排列。

表5-41 海洋生物医药技术子领域主要研发机构

序号	机构名称（中文）	机构名称（英文）	国家	论文数量	论文被引次数（次）
1	加州大学	University of California System	美国	330	8 763
2	法国国家科学研究中心	French National Centre for Scientific Research	法国	433	7 171
3	中国科学院	Chinese Academy of Sciences	中国	404	5 163
4	昆士兰大学	University of Queensland	澳大利亚	175	4 572
5	西班牙高等科学研究理事会	Superior Council of Scientific Investigations	西班牙	192	4 310
6	索邦大学	Sorbonne Universite	法国	178	3 037
7	佛罗里达州立大学	State University System of Florida	美国	185	2 949
8	德国亥姆霍兹联合会	Helmholtz Association of German Research Centres	德国	141	2 944
9	法国海洋开发研究院	French Research Institute for Exploitation of the Sea	法国	154	2 864
10	北卡罗来纳大学	University of North Carolina	美国	106	2 523

序号	机构名称（中文）	机构名称（英文）	国家	论文数量	论文被引次数（次）
11	詹姆斯库克大学	James Cook University	澳大利亚	114	2 506
12	法国发展研究所	Research Institute for Development（IRD）	法国	147	2 172
13	法国生态与环境研究所	Institute of Ecology & Environment（INEE）	法国	130	2 135
14	中国海洋大学	Ocean University of China	中国	175	2 081
15	俄罗斯科学院	Russian Academy of Sciences	俄国	106	2 036
16	釜庆国立大学	Pukyong National University	韩国	104	1 944
17	意大利国家研究委员会	National Research Council	意大利	125	1 806
18	圣保罗大学	University of Sao Paulo	巴西	119	1 441
19	波尔图大学	University of Porto	葡萄牙	115	1 048

主要的科研机构更多地分布在法国、美国、中国，机构总数远超过其他国家。SCI发文数量在50篇以上的机构更多地分布在法国、美国、中国，其中法国16家，美国13家，中国11家，3个国家的机构数量合计占总数的一半以上，远超过其他国家。

美国、法国、德国等欧美传统海洋国家影响力更大。在机构影响力（论文引用数量排名）排名10位的机构中，美国、法国各有3家，澳大利亚、西班牙、德国各1家。虽然我国在发文数量排名前十的机构中有3家（中国科学院、中国海洋大学、中国科学院大学），但总被引次数排名前十的机构中仅有1家（中国科学院，排名第3位），说明我国的文献数量较大，但质量还有待提高。在影响力上我国的机构与美国、法国、德国等欧美传统海洋大国差距较大。

5.3.3.2 重点科研机构

以下为法国国家科学研究中心、加州大学圣迭戈分校、中国科学院、昆士兰大学等科研机构的重要文献情况，见表5-42—表5-48。

表5-42　法国国家科学研究中心（CENTRE NATIONAL DE LA RECHERCHE SCIENTIFIQUE）

创新机构	法国国家科学研究中心
文献热点	海洋生物医药类SCI文献433篇。

续表

	题目	被引频次
重要文献	Agelastatin E，Agelastatin F，and Benzosceptrin C from the Marine Sponge *Agelas dendromorpha*（来自海绵*Agest dendromorpha*的Agelastatin E，Agelastatin F和Benzosceptrin C）	45
	Structure and function of the global ocean microbiome（全球海洋微生物组的结构和功能）	445
	Benefit of 13-desmethyl Spirolide C Treatment in Triple Transgenic Mouse Model of Alzheimer Disease：Beta-Amyloid and Neuronal Markers Improvement（阿尔茨海默病三重转基因小鼠模型中13-去甲基螺内酯C治疗的益处：β-淀粉样蛋白和神经元标志物改善）	25

表5-43　加州大学圣选戈分校（University of California，San Diego）

创新机构	加州大学圣选戈分校	
文献布局	海洋生物医药类SCI文献145篇。	
	题目	被引频次
重要文献	Drug development from marine natural products（海洋天然产物的药物开发）	602
	Discovery and development of the anticancer agent salinosporamide A（NPI-0052）（发现和开发抗癌剂salinosporamide A（NPI-0052））	185
	Marine natural product drug discovery：Leads for treatment of inflammation，cancer，infections，and neurological disorders（海洋天然产物药物发现：引领炎症，癌症，感染和神经系统疾病的治疗）	78

表5-44　中国科学院（CHINESE ACAD SCI）

创新机构	中国科学院	
文献热点	海洋生物医药类SCI文献404篇。	
	题目	被引频次
重要文献	Antimalarial beta-carboline and indolactam alkaloids from *Marinactinospora thermotolerans*，a deep sea isolate（从深海放线菌*Marinactinospora thermotolerans*，分离得到的抗疟药物β-咔啉和生物碱indolactam）	81
	Cytoglobosins A-G，cytochalasans from a marine-derived endophytic fungus，*Chaetomium globosum* QEN-14（来自海洋生物内生真菌*Chaetomium globosum* QEN-14的细胞球蛋白A-G和cytochalasans）	81
	Low molecular weight and oligomeric chitosans and their bioactivities（低分子量的寡聚壳聚糖及其生物活性）	50

表5-45 昆士兰大学（UNIVERSITY OF QUEENSLAND）

创新机构	昆士兰大学	
文献热点	海洋药物类SCI文献175篇。	
重要文献	题目	被引频次
	Cottoquinazoline A and cotteslosins A and B，metabolites from an Australian marine-derived strain of *Aspergillus versicolor*（cottoquinazoline A和cotteslosins A和B，来自澳大利亚海洋衍生的杂色曲霉菌株的代谢产物）	80
	Analysis of evolutionarily conserved innate immune components in coral links immunity and symbiosis（对珊瑚中保守先天性免疫组分的分析发现，免疫和共生之间存在联系）	52
	Differential expression of genes encoding anti-oxidant enzymes in Sydney rock oysters，*Saccostrea glomerata*（Gould）selected for disease resistance（筛选的抗病悉尼岩牡蛎*Saccostrea glomerata*中抗氧化酶基因的差异表达）	52

表5-46 西班牙高等科学研究理事会（UNIVERSITY OF CALIFORNIA SYSTEM）

创新机构	西班牙高等科学研究理事会	
文献热点	海洋生物医药类SCI文献192篇。	
重要文献	题目	被引频次
	Insights into the innate immunity of the Mediterranean mussel *Mytilus galloprovincialis*（地中海贻贝*Mytilus galloprovincialis*的先天免疫研究）	99
	Evidence for two distinct KiSS genes in non-placental vertebrates that encode kisspeptins with different gonadotropin-releasing activities in fish and mammals（无胎盘脊椎动物中两种不同KiSS基因在鱼和哺乳动物中编码具有不同促性腺激素释放活性的激素kisspeptins）	138
	Nodavirus infection of sea bass（*Dicentrarchus labrax*）Induces Up-regulation of galectin-1 expression with potential anti-inflammatory activity（诺达病毒感染诱导挪威舌齿鲈*Dicentrarchus labrax*的galectin-1表达的上调与潜在的抗炎活性）	39

表5-47 索邦大学（SORBONNE UNIVERSITE）

创新机构	索邦大学	
文献热点	海洋生物医药类SCI文献178篇。	
重要文献	题目	被引频次
	Transcriptome analysis reveals strong and complex antiviral response in a mollusc（转录组分析揭示了软体动物中强烈而复杂的抗病毒反应）	49

续表

	题目	
重要文献	Proteomic analysis and identification of copper stress-regulated proteins in the marine alga *Scytosiphon gracilis*（*Phaeophyceae*）［海藻*Scytosiphon gracilis*（*Phaeophyceae*）中铜胁迫调节蛋白的蛋白质组学分析和鉴定］	45
	The known and unknown sources of reactive oxygen and nitrogen species in haemocytes of marine bivalve molluscs（海洋双壳贝类血细胞中已知和未知的活性氧和活性氮来源）	21

表5-48 中国海洋大学（OCEAN UNIVERSITY OF CHINA）

创新机构	中国海洋大学	
文献热点	海洋生物医药类SCI文献175篇。	
	题目	被引频次
重要文献	A novel ACE inhibitory peptide isolated from *Acaudina molpadioidea* hydrolysate（一种从*Acaudina molpadioidea*水解产物中分离的新型ACE抑制肽）	93
	Bioactive hydroanthraquinones and anthraquinone dimers from a soft coral-derived *Alternaria* sp. fungus（从一种软珊瑚获得的链格孢菌中具有生物活性的氢蒽醌和蒽醌二聚体）	76
	Cytotoxic bipyridines from the marine-derived Actinomycete *Actinoalloteichus cyanogriseus* WH1-2216-6（来自海洋放线菌*Actinoalloteichus cyanogriseus* WH1-2216-6的具有细胞毒性的联吡啶）	70

5.3.4 海洋生物医药技术子领域主要企业特征及情况

5.3.4.1 主要企业梳理及特征

综合分析企业的PCT专利、发明专利的申请情况，以及上市海洋药物数量、进入临床试验的情况，筛选出主要的研发企业，见表5-49。

表5-49 海洋生物医药技术子领域主要企业

序号	机构名称（中文）	机构名称（英文）	国家	研发方向
1	默克集团	Merck	德国	海洋药物类PCT专利44件。
2	诺华集团	Novartis	瑞士	海洋药物类PCT专利21件。经FDA（美国）审批，1种药品批准上市（奈拉滨，Nelarabine/ Ara-GTP，Arra non®），用于治疗T细胞急性淋巴细胞性白血病和T细胞淋巴母细胞性淋巴瘤。
3	深圳华大基因股份有限公司	BGI Genomics	中国	海洋药物类PCT专利15件。

续表

序号	机构名称（中文）	机构名称（英文）	国家	研发方向
4	韩美药品株式会社	Hanmi Pharmaceutical Co.，LTD.	韩国	海洋药物类PCT专利28件。
5	拜耳公司	BAYER CORPORATION.	德国	海洋药物类PCT专利27件。经FDA（美国）审批，2种药物进入临床Ⅰ期（BAY-1129980，BAY-1187982）。
6	德国先灵制药公司	Schering AG	德国	海洋药物类PCT专利20件。2006年拜耳公司制药业务与先灵制药公司合并。
7	罗氏制药	ROCHE HOLDINGS，INC.	瑞士	海洋药物类PCT专利10件。
8	美国基因泰克公司	Genentech，Inc.	美国	罗氏全资子公司。海洋药物类PCT专利8件。经FDA（美国）审批，3种药物进入临床Ⅱ期（Lifastuzumab vedotin/DNIB0600A，Pinatuzumab vedotin/DCDT-2980S，Polatuzumab vedotin/DCDS-4501A），3种药物进入临床Ⅰ期（DEDN-6256A/RG-736，RG7450/Vandortuzumba vedotin，DFRF4539A），主要用于肺癌、卵巢癌、淋巴癌等抗肿瘤治疗。
9	日本钟化集团	Kaneka Corporation	日本	海洋药物类PCT专利9件。
10	葛兰素史克生物制品有限公司	GlaxoSmithKline Biologicals SA	英国	海洋药物类PCT专利8件。经FDA（美国）或EMEA（欧盟）审批，2种药品批准上市（奈拉滨，Nelarabine/ Ara-GTP，Atriance®，抗肿瘤；Omega-3 acid ethyl esters，脂类调节剂），1种药物进入临床Ⅰ期（GSK2857916，抗骨髓瘤）。
11	法马马有限公司	PHARMA MAR S.A	西班牙	海洋药物类发明专利13件。经FDA（美国）审批，1种药品批准上市（Trabectedin/ET-743，Yondelis®，抗肿瘤），1种药物进入临床Ⅲ期（Plitidepsin，Aplidin®，抗白血病、淋巴瘤、骨髓瘤），1种药物进入临床Ⅱ期（Lurbinectedin/PM01183，抗肿瘤），2种药物进入临床Ⅰ期（PM060184，抗实体瘤；PM00104，抗骨髓瘤等）。
12	美国艾伯维公司	AbbVie Inc.	美国	海洋药物类发明专利17件，其中PCT专利6件。经FDA（美国）审批，1种药物进入临床Ⅱ期（ABT-414/EGFRVⅢ-MMAF，抗肿瘤），5种药物进入临床Ⅰ期（ABBV-085，ABBV-399，ABBV-221，ABBV-838，Depatuxizumab mafodotin，抗肿瘤）。

序号	机构名称（中文）	机构名称（英文）	国家	研发方向
13	辉瑞集团	Pfizer Inc.	美国	海洋药物类发明专利73件，其中PCT专利4件。经FDA（美国）审批，1种药物进入临床Ⅰ期（PF-06263507，抗肿瘤）。2015年收购艾尔健公司（Allergan）。
14	巴斯夫公司	BASF CORPORATION	德国	海洋药物类PCT专利12件。
15	西雅图遗传学公司	Seattle Genetics，Inc.	美国	经FDA（美国）审批，1种药品批准上市（Brentuximab Vedotin/SGN-35，泊仁妥西凡多汀，Adcetris®，抗淋巴瘤），1种药物进入临床Ⅱ期（Denintuzumab Mafodotin/ SGN-CD19A，抗肿瘤），4种药物进入临床Ⅰ期（ASG-15E/15ME，Enfortumab vedotin/ASG-22ME，SGN-LIV1A，ASG-5ME，抗肿瘤等）。开发和销售基于抗体的癌症治疗疗法的生物科技公司。
16	阿尔吉法玛公司	AlgiPharma AS	挪威	海洋药物类PCT专利10件。主要涉及"海藻酸盐低聚物"研究。https://algipharma.com/
17	正大制药（青岛）有限公司	——	中国	国内生产上市的海洋药物：藻酸双酯钠片、甘糖酯（原料药）、甘糖酯片（片剂）
18	上海绿谷制药有限公司	Green Valley	中国	由中国海洋大学、中国科学院上海药物研究所和上海绿谷制药联合研发，经CFDA（中国）审批，治疗阿尔茨海默病的新药甘露寡糖二酸（GV-971），完成临床Ⅲ期试验（从海藻中提取的海洋寡糖类分子）。如果后期能通过美国FDA或欧洲EMEA批准，有望成为我国第一个走向国际且具有自主知识产权的海洋药物。

　　欧、美公司的产品研发体系较为成熟，已有成熟产品上市；我国有少量产品在国内上市，但仍没有进入国际市场的成熟产品。据报道，截至2017年12月，欧洲、美国、日本等发达国家和地区批准上市的海洋类药物有13个，还有60多个海洋药物进入了不同阶段的临床试验，主要用于抗肿瘤、抗病毒及镇痛等疾病治疗。经CFDA（中国）批准，在我国国内上市的海洋类药物9种，进入各期临床的13种，其中治疗阿尔茨海默病的新药甘露寡糖二酸（GV-971）（从海藻中提取的海洋寡糖类分子）已完成临床Ⅲ期试验。如果GV-971后期能通过美国FDA或欧洲EMEA批准，其将成为我国第一个走向国际且具有自主知识产权的海洋药物。

　　海洋药物的研发具有周期长、投入大、见效慢的特点。最具代表性的海洋药物

"ET-743"，从最开始研究到被欧盟和美国FDA批准上市，历时38年，耗资近20亿美元，而用于治疗阿尔茨海默病的新药甘露寡糖二酸（GV-971）经过17年的努力才进入Ⅲ期临床研究。

5.3.4.2 重点企业情况

以下为默克集团、诺华集团、华大集团、拜耳集团等企业的专利情况，见表5-50—表5-58。

表5-50　默克集团（MERCK）

创新机构	默克集团		
网址	https：//www.merckgroup.com/en（默克，全球） https：//www.merckgroup.com/cn-zh（默克，中国）		
联系方式	德国总部地址： Merck KGaA Frankfurter Straβe 250 64293 Darmstadt Germany 电话：+49（0）6151 72-0 传真：+49（0）6151 72-2000 E-mail：service@merckgroup.com		
专利布局	海洋药物类PCT专利44件，主要分布在美国、日本、中国、澳大利亚、加拿大以及欧洲等30多个国家及地区。		
重要专利	公开号	专利名称	同族专利数量/ 被引次数
	CN106456746	Antigen-loaded chitosan nanoparticles for immunotherapy（用于免疫疗法的抗原壳聚糖纳米粒子）	9/0
	CN107074961	Methods for generating bispecific shark variable antibody domains（产生双特异性鲨鱼可变抗体结构域的方法及其用途）	8/0
	CN105188728	Peptides and peptide-active ingredient-conjugate for renal drug-targeting（用于肾脏药物靶向的肽和肽-活性成分-缀合物）	12/1

表5-51　诺华集团（NOVARTIS）

创新机构	诺华集团
网址	https：//www.novartis.com/ https：//www.novartis.com.cn/（诺华中国）
联系方式	诺华集团（中国）： 上海市浦东新区张江高科技园区金科路4218号 邮政编码：201203

续表

专利布局	海洋药物类PCT专利21件，主要分布在美国、日本、中国、澳大利亚、加拿大以及欧洲等50多个国家及地区。		
重要专利	公开号	专利名称	同族专利数量/被引次数
	CN102257149B	Production of squalene from hyper-producing yeasts（从高产酵母中生产角鲨烯）	27/30
	CN102892734B	Improved methods for preparing squalene（制备角鲨烯的改进方法）	29/6
	US8678184	Methods for producing vaccine adjuvants（生产疫苗佐剂的方法）	2/4
主要技术和产品	经FDA（美国）审批，1种药品批准上市（奈拉滨，Nelarabine/Ara-GTP，Arranon®），用于治疗T细胞急性淋巴细胞性白血病和T细胞淋巴母细胞性淋巴瘤。		

表5-52　华大集团（BGI）

创新机构	华大集团		
网址	https：//www.bgi.com/ http：//www.genomics.cn/		
联系方式	深圳华大基因科技有限公司（总部） 地址：深圳市盐田区北山工业区11栋（518083） 电话：+86-755-36307888 传真：+86-755-36307273 E-mail：info@genomics.cn		
专利布局	海洋药物类PCT专利15件，主要分布在中国、美国及欧洲等国家及地区。		
重要专利	公开号	专利名称	同族专利数量/被引次数
	CN107949567	三种芋螺毒素肽、其制备方法及其应用	2/0
	CN107001416B	芋螺毒素肽k-cptx-btl04、其制备方法及应用	4/0
	CN106795207B	芋螺毒素多肽k-cptx-bt102及其制备方法和应用	4/0
	CN106795211	芋螺毒素衍生物、其制备方法和抗氧化应用	2/0
主要技术和产品	为精准医疗、精准健康等关系国计民生的实际需求提供自主可控的先进设备、技术保障和解决方案。		

表5-53　拜耳集团（BAYER）

创新机构	拜耳集团		
网址	www.bayer.com（拜耳，全球） https：//www.bayer.com.cn/（拜耳，中国）		
专利布局	海洋药物类PCT专利27件，主要分布在美国、日本、中国、澳大利亚、加拿大以及欧洲等50多个国家及地区。		
重要专利	公开号	专利名称	同族专利数量/被引次数
	US20130266637	Composition for treating cancer by the controlled release of an active substance（通过控制释放活性物质来治疗癌症的组合物）	6/0
	CN103442569	Ectoparasiticidal active substance combinations（杀体外寄生虫活性物质组合）	28/0
	US9968086	Active ingredient combinations having insecticidal and acaricidal properties（具有杀虫和杀螨特性的活性成分组合）	2/7
主要技术和产品	经FDA（美国）审批，2种药物进入临床Ⅰ期（BAY-1129980，BAY-1187982）。2006年拜耳股份有限公司收购德国先灵股份有限公司，制药业务合并。		

表5-54　美国基因泰克公司（Genentech）

创新机构	美国基因泰克公司		
网址	https：//www.gene.com/		
重要专利	公开号	专利名称	同族专利数量/被引次数
	CN108713020	Process for the preparation of an antibody-rifamycin conjugate（制备抗体-利福霉素缀合物的方法）	13/0
	CN102369011	Combinations of phosphoinositide 3-kinase inhibitor compounds and chemotherapeutic agents for the treatment of hematopoietic malignancies（用于治疗造血系统恶性肿瘤的磷脂酰肌醇3-激酶抑制剂化合物和化学治疗剂的组合）	13/20
	CN106163558	Methods of treating early breast cancer with trastuzumab-mcc-dm1 and pertuzumab（曲妥珠单抗-mcc-dm1和帕妥珠单抗治疗早期乳腺癌的方法）	13/4

主要技术和产品	罗氏全资子公司。经FDA（美国）审批，3种药物进入临床Ⅱ期（Lifastuzumab vedotin/DNIB0600A，Pinatuzumab vedotin/DCDT-2980S，Polatuzumab vedotin/DCDS-4501A），3种药物进入临床Ⅰ期（DEDN-6256A/RG-736，RG7450/Vandortuzumba vedotin，DFRF4539A），主要用于肺癌、卵巢癌、淋巴癌等抗肿瘤治疗。

表5-55　法马马有限公司（Pharma Mar）

创新机构	法马马有限公司
专利布局	海洋药物类发明授权专利13件。
主要技术和产品	经AEMPS（西班牙）、FDA（美国）审批，1种药品批准在欧洲及美国市场上市（Trabectedin/ET-743，Yondelis®，注射用曲贝替定，首个海洋来源的抗肿瘤药），1种药物进入临床Ⅲ期（Plitidepsin，Aplidin®，抗白血病、淋巴瘤、骨髓瘤），1种药物进入临床Ⅱ期（Lurbinectedin/PM01183，抗肿瘤），2种药物进入临床Ⅰ期（PM060184，抗实体瘤；PM00104，抗骨髓瘤等）。 总部位于西班牙马德里，在德国、意大利、法国、瑞士和英国均设有子公司，主要从事源自于海洋的创新型抗癌药物的发现和开发，拥有候选药物方面的研发管线和一个强大的肿瘤学研发计划。 强生在2001年从PharmaMar旗下公司Zeltia获得了Yondelis在美国市场的独家授权，并于2015年赢得美国FDA对Yondelis的批准，用于不可切除性或化疗耐药型脂肪肉瘤和平滑肌肉瘤患者。曲贝替定的专利（WO1987007610）已过期。

表5-56　巴斯夫公司（BASF）

创新机构	巴斯夫公司		
专利布局	海洋药物类PCT专利12件，主要分布在美国、日本、澳大利亚、中国、印度以及欧洲等近50个国家及地区。		
重要专利	公开号	专利名称	同族专利数量/被引次数
	US20150140141	Methods for botanical and/or algae extraction（植物和/或藻类提取方法）	3/4
	CN102459142	Polyunsaturated fatty acids for the treatment of diseases related to cardiovascular, metabolic and inflammatory disease areas（多不饱和脂肪酸用于治疗与心血管、代谢和炎症相关的疾病）	28/10
	CN103608008	（Non-leaching antimicrobial wound dressing）非浸出抗菌伤口敷料	10/0
	US20150328268	Marine plants extract for wound healing（海洋植物提取物用于伤口愈合）	2/1

表5-57 艾伯维（AbbVie Inc.）

创新机构	艾伯维		
网址	https：//www.abbvie.com/		
专利布局	海洋药物类发明授权专利17件，其中PCT专利6件		
重要专利	公开号	专利名称	同族/被引
	CN102143760B	Prostaglandin E2 binding proteins and uses thereof（前列腺素E2结合蛋白及其用途）	19/32
	CN103492583	Dual variable domain immunoglobulins and uses thereof（双可变结构域免疫球蛋白及其用途）	21/31
主要技术和产品	经FDA（美国）审批，1种药物进入临床Ⅱ期（ABT-414/EGFRVⅢ-MMAF，抗肿瘤），5种药物进入临床Ⅰ期（ABBV-085，ABBV-399，ABBV-221，ABBV-838，Depatuxizumab mafodotin，抗肿瘤）。		

表5-58 正大制药（青岛）有限公司

创新机构	正大制药（青岛）有限公司	
重要专利	公开号	专利名称
	CN109316457A	一种盐酸环苯扎林缓释制剂及其制备方法
	CN109528670A	一种琥珀酸夫罗曲坦片及其制备方法
	CN103127014A	甘糖酯分散片及其制备方法
	CN105395499A	一种稳定的甘糖酯片及其制备方法
主要技术和产品	国内批准上市的海洋药物：藻酸双酯钠片、甘糖酯（原料药）、甘糖酯片（片剂）	

5.4 海洋矿产资源开发技术子领域

　　海洋矿产资源开发技术主要包括海洋矿产资源勘探、开采、选冶以及环境保护等，对工程科技的需求包括关键技术突破、装备研发和工程应用示范3个方面。海洋矿产资源开发需要形成高精度勘探技术体系、矿产资源开发能力、环境生态观测技术体系等，提升装备研发能力，最终实现商业化勘探开发。海洋矿产资源开发技术子领域技术分解表见表5-59。

表5-59 海洋矿产资源开发技术子领域技术分解表

序号	技术方向	关键技术
1	海洋矿产资源勘探	深海数字矿区系统

序号	技术方向	关键技术
2	海洋矿产资源开采	一体式采矿试验系统 可潜式核电站 平台用百千瓦级海洋能电站 采矿试验一体式水面支持船 矿石垂直举升装备 多金属结核商采海底集矿系统 一体式采矿试验系统海上布放回收系统 分布式商采系统全生命周期海上安装和维抢修装备
3	海洋矿产资源选冶	深海多金属矿靶向提取绿色技术 基于移动式智慧工厂的选冶装备
4	海洋矿产资源开采环境保护	深海环境基线调查与长期监测 采矿区环境驻留式精细调查装备 深海装备绿色材料 采矿作业海底生态系统修复技术

5.4.1 海洋矿产资源开发技术子领域创新格局

海洋矿产资源开发技术子领域，共检索SCI论文数据1 044篇，有效发明专利族364件，其中PCT专利68件。海洋矿产资源开发技术子领域主要国家指标表现见表5-60。

表5-60 海洋矿产资源开发技术子领域主要国家指标表现

序号	国家	支撑竞争力	创新竞争力	市场竞争力
1	美国	100.0	100.0	100.0
2	德国	47.2	71.7	83.3
3	中国	72.2	46.4	60.0
4	英国	61.1	49.3	50.0
5	日本	38.9	37.4	83.3
6	法国	52.8	44.7	50.0
7	澳大利亚	5.6	51.1	33.3
8	加拿大	52.8	24.3	33.3
9	意大利	0.0	50.4	33.3
10	韩国	30.6	18.6	60.0

（1）美国全球领跑，德、中、英、日、法居第二梯队。

在海洋矿产资源开发技术子领域，美国的科技创新水平、科研机构与企业数量和市场占有率均居首位，处于绝对领先地位。早在20世纪70年代美国就组织开展了大规模海底矿产资源调查，并联合德国、日本等国家的矿产企业组成跨国公司，进行多金属结核开采试验，验证了深海采矿的技术可行性。德国、中国、英国、日本和法国分列第二到六位，德国在创新竞争力和市场竞争力的表现仅次于美国，但开展海洋矿产资源开发的企业数量相对较少，支撑竞争力排名第6位。中国综合竞争力排名第三位，其中支撑竞争力仅次于美国，市场竞争力居于第三位，创新竞争力位于第六位，与美国、德国存在较大差距。综合竞争力排名第四位的英国和第六位的法国，各方面表现比较均衡。日本市场竞争力较高，在CC区和西太平洋分别拥有多金属结核和富钴铁锰结核勘探开采合同，并于2017年在冲绳近海的专属经济区（EEZ）进行了1 600米水深多金属硫化物采矿试验。

（2）我国综合竞争力居第三，但科技创新能力与美国差距明显。

我国在海洋矿产资源开发技术子领域综合竞争力排名第3位，其中支撑竞争力仅次于美国，市场竞争力居于第3位，创新竞争力排名第6，与美国在高水平论文、论文影响力、国际合作、海外专利布局等方面存在较大差距。如图5-10所示，我国SCI发文数量约为美国的60%，但高被引论文数量不到美国的40%，美国的引文影响力是我国的2倍，我国国际合作论文比重不足美国的一半；我国发明授权专利数量远超美国，但PCT专利数量仅有美国一半，专利影响力和海外专利占比仅为美国的10%。综合对比显示中美在海洋矿产资源开发领域产出能力差距显著。虽然我国发明授权专

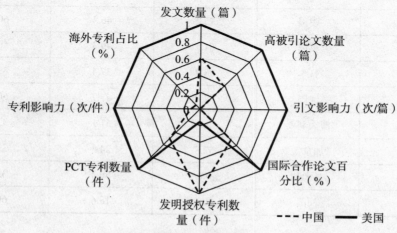

图5-10　海洋矿产资源开发技术子领域中美指标对比

利数量排名第一位，但是在国外的布局较弱，而国外机构在我国的专利布局较多，重视我国市场。

（3）领域总体呈现"研究热产业冷"趋势，热点集中在开采技术和对环境的影响。

2009年以来，海洋矿产资源开发领域SCI发文量年均增长13.5%，2018年发文量约为2009年的3倍，可见基础研究增长较快。图5-11显示，专利申请量呈波动增长，但相较于SCI发文量，有效发明专利数量偏少，PCT专利数量则更少，年均PCT专利申请量不足10件。海洋矿产资源勘探和开采需要大量资金，且存在破坏海底生态环境的争议，风险较高，商业企业参与较少。

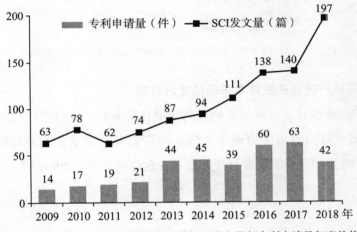

图5-11 海洋矿产资源开发技术子领域SCI发文量与专利申请量年度趋势

基于海洋矿产资源开发技术子领域SCI论文关键词共现聚类网络，如图5-12所示，世界海洋矿产资源开发研究主要集中在海洋矿产勘探、开采和采矿对环境影响评价等3个方面。其中，海洋矿产资源勘探热点区域集中在大西洋中脊、太平洋、CC区和北极，海洋矿产资源开采研究热词包括锰结核、多金属结核、硫化物、稀土元素和海底热液，采矿对环境影响评价热词主要为深海采矿、生物多样性、热液喷口、生态系统等。

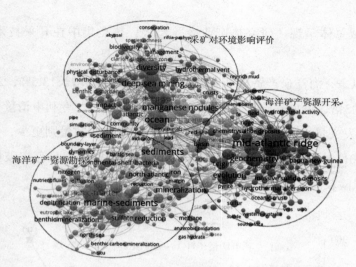

图5-12　海洋矿产资源开发技术子领域研究关键词共现聚类网络

5.4.2 海洋矿产资源开发技术子领域技术布局

从海洋矿产资源开发领域研究热点的国家分布来看，各国在3个方面均有布局，但美国、德国、英国等国家更侧重海洋矿产资源开采和采矿对环境影响研究，中国、日本等在海洋矿产资源勘探与开采技术方面研究更多（图5-13）。

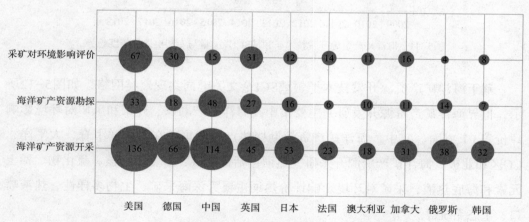

图5-13　海洋矿产资源开发技术子领域研究热点国家对比气泡图

我国自20世纪80年代开始在国际海底区域开展系统的多金属结核资源勘查活动，由中国大洋矿产资源研究开发协会领导协调我国在国际海底区域资源研究开发工作，于1991年成为世界上第五个先驱投资者，目前已先后获得3个多金属结核、1

个多金属硫化物和1个富钴结壳勘探矿区。以国家专项形式开展深海矿产资源的勘探、开采及加工利用技术研究，2016年完成深海多金属结核和富钴结壳输送系统海上试验，2018年完成多金属结核集矿系统500米海上试验。但我国在海底矿产资源特别是硫化物和富钴结壳开采技术及装备的研究相对薄弱，深海水密件、深海耐高压材料、高强度耐腐蚀材料、大型耐高压结构等产品研发与国外存在差距。此外，我国在采矿对环境影响方面的研究刚刚起步，而随着国际海底管理局环境规章的发布，环境问题将成为海洋矿产资源开发的重大制约。

5.4.3 海洋矿产资源开发技术子领域主要科研机构特征及情况

5.4.3.1 主要科研机构梳理及特征

基于近10年海洋矿产资源开发领域SCI发文，给出了发文数超过20篇的研发机构共15家（按被引总量降序排列），并列出了机构的主要研究方向，见表5-61。

表5-61　海洋矿产资源开发技术子领域研究主要机构

序号	机构名称（中文）	机构名称（英文）	国家	SCI发文量（篇）	篇均被引次数（次/篇）	被引总量（次）	主要研究方向
1	德国亥姆霍兹联合会	Helmholtz Association	德国	70	19.6	1 375	锰结核、硫化物勘探，环境影响评价
2	加州大学	University of California	美国	39	32.4	1 262	海洋矿产资源开采对环境影响评价
3	伍兹霍尔海洋研究所	Woods Hole Oceanographic Institution	美国	30	42	1 259	海洋矿产资源勘探、评价
4	德国亥姆霍兹基尔海洋研究中心	Helmholtz Center for Ocean Research Kiel（GEOMAR）	德国	41	20	822	硫化物勘探、锰结核高光谱成像，环境影响评价
5	英国自然环境研究委员会	Natural Environment Research Council（NERC）	英国	62	12.9	797	深海采矿生态风险、硫化物勘探
6	夏威夷大学	University of Hawaii System	美国	30	26.3	789	深海采矿环境影响、生物多样性保护
7	英国国家海洋研究中心	National Oceanography Centre（NOC）	英国	56	13	727	硫化物勘探、环境影响评价

序号	机构名称（中文）	机构名称（英文）	国家	SCI发文量（篇）	篇均被引次数（次/篇）	被引总量（次）	主要研究方向
8	美国内政部	United States Department of the Interior	美国	21	32.9	691	海洋矿产资源勘探、评价
9	南安普敦大学	University of Southampton	英国	50	13.7	686	多金属结核、铁锰结核勘探，深海采矿环境影响
10	美国地质调查局	United States Geological Survey（USGS）	美国	20	34.2	684	海洋矿产资源勘探、评价
11	法国海洋开发研究院	French Research Institute for Exploitation of the Sea	法国	31	21.9	678	多金属结核勘探、采矿与生物影响
12	法国国家科学研究中心	Centre National de la Recherche Scientifique（CNRS）	法国	52	12.4	643	深海采矿对生物多样性影响
13	日本海洋科学技术中心	Japan Agency for Marine-Earth Science & Technology（JAMSTEC）	日本	50	12.2	612	硫化物、稀土元素勘探、深海热液
14	中国科学院	Chinese Academy of Sciences	中国	34	16.7	568	深海热液、硫化物、锰结核等勘探
15	不莱梅大学	University of Bremen	德国	24	23.6	567	深海采矿影响

美国机构领先优势明显。在数量上，15家科研机构中美国有5家，占总量的1/3，分别为美国加州大学、伍兹霍尔海洋研究所、夏威夷大学、内政部和地质调查局。在影响力上，美国5家机构的篇均被引次数高于其他机构，排名居前五位。欧洲国家占据半壁江山。德国、英国和法国共有8家机构入选，占总量的53.3%，是海洋矿产资源开发领域的科研中坚力量。我国科研机构数量和水平均有待提升。我国仅有中科院在海洋矿产资源开发领域的发文量超过20篇，且影响力与美国机构也有一定差距。

5.4.3.2 重点科研机构

以下为英国国家海洋研究中心、伍兹霍尔海洋研究所、中国科学院地质与地球物理研究所、美国地质勘探局等科研机构的高被引文献情况，见表5-62—表5-65。

表5-62　英国国家海洋研究中心（NOC，National Oceanography Centre）

创新机构	英国国家海洋研究中心	
网址	https：//noc.ac.uk/	
联系方式	英国国家海洋研究中心（总部） 英国南安普顿SO14 3ZH 电话：+44（0）23 8059 6666	
文献布局	共检索到海洋矿产资源开发相关文献47篇	
高被引文献	题目	被引次数
	Insights into the abundance and diversity of abyssal megafauna in a polymetallic-nodule region in the eastern Clarion-Clipperton Zone（对克拉里昂－克利珀顿东部多金属结核区深海巨型动物丰度和多样性的见解）	42
	Biological responses to disturbance from simulated deep-sea polymetallic nodule mining（模拟生物对深海多金属结核造成的干扰的响应）	34
	Resilience of benthic deep-sea fauna to mining activities（底栖深海动物群落受到采矿活动干扰后的恢复能力）	29
	Composition of hydrothermal fluids and mineralogy of associated chimney material on the East Scotia Ridge back-arc spreading centre（东斯科舍洋脊弧后扩散中心的热液组成和海底"烟囱"的矿物学）	25
	Biodiversity loss from deep-sea mining（深海采矿造成的生物多样性丧失）	23
主要技术和产品	海洋矿产资源开采对环境造成的影响评价	

表5-63　伍兹霍尔海洋研究所（WHOI，Woods Hole Oceanographic Institution）

创新机构	伍兹霍尔海洋研究所	
网址	https：//www.whoi.edu/	
联系方式	地址：86 Water St，Woods Hole，MA 02543；电话：+1 508-548-1400	
文献布局	共检索到海洋矿产资源开发相关文献43篇	
高被引文献	题目	被引次数
	A new，mechanistic model for organic carbon fluxes in the ocean based on the quantitative association of POC with ballast minerals（一种新的海洋有机碳通量机械模型——基于POC与压载矿物的定量关联）	581
	Generation of Seafloor Hydrothermal Vent Fluids and Associated Mineral Deposits（海底热液和相关矿床的生成）	146
	Laser Raman spectroscopy as a technique for identification of seafloor hydrothermal and cold seep minerals（激光拉曼光谱作为识别海底热液和冷泉矿物的技术）	145

续表

高被引文献	Suboxic deep seawater in the late Paleoproterozoic：Evidence from hematitic chert and iron formation related to seafloor-hydrothermal sulfide deposits，central Arizona，USA（古元古代晚期的缺氧深海海水：来自美国亚利桑那州中部海底−热液硫化物矿床的赤铁矿燧石和铁形成的证据）	135
	The abundance of seafloor massive sulfide deposits（丰富的海底块状硫化物矿床）	128
	Preservation of iron（II）by carbon-rich matrices in a hydrothermal plume（在热液羽流中通过富碳基质保存铁（II））	124
主要技术和产品	海洋矿产资源勘探、评价	

表5−64　中国科学院地质与地球物理研究所

创新机构	中国科学院地质与地球物理研究所（中国科学院地球科学研究院）	
网址	http：//www.igg.cas.cn/	
联系方式	地址：北京市朝阳区北土城西路19号 电话：010−82998001 传真：010−62010846	
文献布局	共检索到海洋矿产资源开发相关文献13篇	
	题目	被引次数
高被引文献	Iron reduction and mineralization of deep-sea iron reducing bacterium *Shewanella piezotolerans* WP3 at elevated hydrostatic pressures（在高静水压下，深海铁还原菌*Shewanella piezotolerans* WP3对铁的还原和矿化）	13
	Iron reduction and magnetite biomineralization mediated by a deep-sea iron-reducing bacterium *Shewanella piezotolerans* WP3（由深海铁还原菌*Shewanella piezotolerans* WP3介导的铁还原和磁铁矿生物矿化）	12
主要技术和产品	矿产资源勘查、评价、预测	

表5−65　美国地质勘探局（USGS，United States Geological Survey）

创新机构	美国地质勘探局
网址	https：//www.usgs.gov/
联系方式	地址：12201 Sunrise Valley Drive Reston，VA 20192，USA 电话：703−648−5953
文献布局	共检索到海洋矿产资源开发相关文献12篇

	题目	被引次数
高被引文献	Deep-ocean mineral deposits as a source of critical metals for high-and green-technology applications：Comparison with land-based resources（深海矿床作为高科技和绿色技术应用的关键金属来源：与陆地资源的比较）	161
	Geochemical models of metasomatism in ultramafic systems：Serpentinization，rodingitization，and sea floor carbonate chimney precipitation（超基性系统中交代作用的地球化学模型：蛇纹石化、rodingitization和海底碳酸盐岩烟囱降水）	129
	Discriminating between different genetic types of marine ferro-manganese crusts and nodules based on rare earth elements and yttrium（基于稀土元素和钇的不同遗传类型的海洋铁锰结壳和结核之间的区别）	87
	Seamount mineral deposits a source of rare metals for high-technology industries（海山矿床为高科技产业提供稀有金属来源）	58
	Response of benthic invertebrate assemblages to metal exposure and bioaccumulation associated with hard-rock mining in northwestern streams，USA（美国西北部溪流中底栖无脊椎动物组合对金属暴露和与硬岩开采相关的生物累积的响应）	43
	Deposition of talc，kerolite-smectite，smectite at seafloor hydrothermal vent fields：Evidence from mineralogical，geochemical and oxygen isotope studies（在海底热液喷口区沉积滑石，粉煤灰-蒙脱石，蒙脱石：来自矿物学，地球化学和氧同位素研究的证据）	42

5.4.4 海洋矿产资源开发技术子领域主要企业特征及情况

5.4.4.1 主要企业梳理及特征

综合PCT专利申请机构情况和专家调查结果，列出了15家海洋矿产资源开发重点企业（表5-66）。

表5-66　海洋矿产资源开发研究主要企业

序号	机构名称（中文）	机构名称（英文）	国家	主要研究方向
1	加拿大鹦鹉螺矿业公司	Nautilus Minerals	加拿大	海底硫化矿和多金属结核勘探、开发；多金属结核采矿系统、海底采矿设备、深海挖矿机器人
2	英国海底资源有限公司	UK Seabed Resources	英国	多金属结核勘探、开采
3	日本国家石油天然气和金属矿物资源机构	Japen Oil，Gas and Metals National Corporation（JOGMEC）	日本	海底富钴铁锰结壳勘探、多金属硫化物试开采

续表

序号	机构名称（中文）	机构名称（英文）	国家	主要研究方向
4	荷兰IHC Robbins公司	IHC Robbins	荷兰	湿法采矿、矿物选冶
5	加拿大深绿金属公司	DeepGreen Metals	加拿大	深海采矿、水下采矿机器人
6	巴西埃达科帕公司	Eda Kopa	巴布亚新几内亚	海底采矿
7	三星重工	Samsung Heavy Industries	韩国	深海矿物采矿机器人、采矿装备
8	深海资源开发有限公司	DORD	日本	海底多金属结核勘探
9	北京先驱高技术开发公司	Pioneer Hi. Tech Development Co. Bei jing	中国	海洋矿产勘探装备
10	中国五矿集团有限公司	China Minmetals Corporation	中国	深海多金属结核勘探
11	新加坡大洋矿产有限公司	—	新加坡	深海多金属结核勘探
12	瑙鲁海洋资源公司	Nauru Ocean Resources Inc.（NORI）	瑙鲁	深海多金属结核勘探
13	汤加近海矿业有限公司	Tonga Offshore Mining Limited（TOML）	汤加	深海多金属结核勘探
14	基里巴斯马拉瓦研究与勘探有限公司	MARAWA	基里巴斯	深海多金属结核勘探
15	巴西矿产资源研究公司	CPRM	巴西	深海富钴铁锰结壳勘探

海洋矿产资源位于国际公海海底，资源总量丰富，经济潜力巨大，是各国竞相争取的战略性资源，但目前海洋矿产资源开发领域总体处于资源勘探和试验开采阶段。日本、中国等国家的企业多为国有公司，加拿大、英国等国家的企业多为大集团公司下的子公司，英国海底资源（UK Seabed Resources）为洛克希德马丁英国公司（Lockheed Martin UK）旗下子公司，IHC Robbins为荷兰船企IHC收购的澳洲矿业公司Robbins Tecnology。

商业开发企业受阻。加拿大鹦鹉螺矿业公司（Nautilus Minerals）作为世界首批计划在海底采矿的一家公司，建造了全球第一条硫化物商业采矿系统，联合巴布亚新几内亚国有公司埃达科帕公司（Eda Kopa），在巴布亚新几内亚海底索尔瓦拉1（Solwara 1）号铜金银矿开发项目，于2019年8月宣告失败。

5.4.4.2 重点企业

以下为鹦鹉螺矿业公司、三星重工、北京先驱高技术开发公司的专利情况，见表5-67—表5-69。

表5-67 鹦鹉螺矿业公司（Nautilus Minerals）

创新机构	鹦鹉螺矿业公司		
网址	http：//www.nautilusminerals.com		
联系方式	地址：Operations（Brisbane，Australia） Level 3，33 Park Road，Milton Queensland，Australia 4064 PO Box 1213，Milton Queensland，Australia 4064 电话：+61 733185555 传真：+61 733185500		
专利布局	共检索到19个与海洋矿产资源开发相关专利族，分布在澳大利亚、WO、美国、中国、韩国、新加坡等。		
重要专利	公开号	专利名称	同族专利数量
	AU2015262042	Decoupled seafloor mining system（分布式海底采矿系统）	10
	AU2015262041	Seafloor haulage system（海底运输系统）	10
	AU2014251420	A seafloor vertical hoisting system and method（海底垂直提升系统和方法）	9
	AU2014216747	Nodule collecting device（结核收集装置）	18
主要产品	多金属结核采矿系统；海底采矿设备；深海挖矿机器人		

表5-68 三星重工（Samsung Heavy Industries）

创新机构	三星重工		
专利布局	共检索到10个与海洋矿产资源开发相关的专利族		
重要专利	公开号	专利名称	同族专利数量
	KR101130639	Mining robot for deep sea mineral（深海矿物采矿机器人）	2
	KR101750953	Seabed mineral lifting system and controlling method thereof（海底矿物提升系统及其控制方法）	2
	KR101303012	Apparatus for collecting mineral（矿物质收集装置）	2
	KR101580974	Apparatus for extraction of seabed minerals（用于提取海底矿物的装置）	2
主要产品	多金属矿产资源开采		

表5-69　北京先驱高技术开发公司

创新机构	北京先驱高技术开发公司		
网址	http://www.deepseapioneer.com/		
联系方式	通讯地址：北京市海淀区中关村南大街甲10号银海大厦北6层 电话：+86 10 68949001 传真：+86 10 68910798 电子邮件：deepseapioneer@sina.com		
专利布局	共检索到15项与海洋矿产资源开发相关的专利族。		
重要专利	公开号	专利名称	同族专利数量
	CN202256697U	一种深海瞬变电磁探测装置	2
	CN102353995A	一种深海瞬变电磁探测装置及其方法	1
	CN103382821B	自动定心卸扣器	2
	CN103325965B	一种深海大功率锂电池装置及其制作方法	2
主要产品	深海热液硫化物矿床探测设备；深海智能水下机器人；深海地质取样作业装备；深海地球物理探测装备和深海环境调查监测装备		

5.5　海水淡化及资源综合利用技术子领域

海水淡化及资源综合利用技术包括海水淡化技术、膜材料、海水循环冷却、海水化学资源利用和海水净化等，见表5-70。

表5-70　海水淡化及资源综合利用技术子领域技术分解表

序号	技术方向	关键技术
1	海水淡化技术	海水淡化节能降耗技术、应用海水淡化工程配套关键部件及装备、新能源耦合海水淡化技术、膜法海水淡化、热法海水淡化
2	海水淡化膜材料	新型海水脱盐材料与技术
3	海水循环冷却	海水高效循环冷却技术
4	海水化学资源利用	海水淡化浓盐水资源化利用技术
5	海水净化	海水净化技术

5.5.1　海水淡化及资源综合利用技术子领域创新格局

共检索SCI论文6 824篇。有效发明专利族5 419件，其中PCT专利636件。海水淡化及资源综合利用技术子领域主要国家指标表现见表5-71。

表5-71　海水淡化及资源综合利用技术子领域主要国家指标表现

序号	国家	支撑竞争力	创新竞争力	市场竞争力
1	美国	100.0	100.0	100.0
2	中国	47.9	46.3	76.7
3	日本	30.8	39.7	66.7
4	韩国	32.4	41.8	50.0
5	英国	10.5	35.0	66.7
6	澳大利亚	17.8	40.4	50.0
7	法国	18.6	30.3	66.7
8	德国	11.3	29.8	66.7
9	西班牙	15.5	24.1	66.7
10	加拿大	3.1	27.1	66.7

（1）美国、中国、日本位居前三。

表5-71显示，在海水淡化及资源综合利用技术子领域，美国支撑竞争力、创新竞争力、市场竞争力3个方面均排名首位，其中创新竞争力领先优势最为显著，SCI发文数量占全球总量的近20%，高被引论文62篇，与排名2到10位9个国家的高被引论文总数量相当，篇均被引次数达到32.68次/篇，是中国的7倍多，PCT专利数量约占该领域PCT专利总量的30%。中国、日本、韩国、英国、澳大利亚、法国和德国分列第二至第六位。其中，我国支撑竞争力和创新竞争力仅次于美国，市场竞争力排名第三位。

综合比较中美两国的创新竞争力指标（图5-14），我国SCI发文数量为美国的

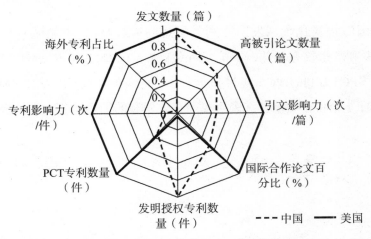

图5-14　海水淡化及资源综合利用领域技术子领域中美科技创新指标对比

91%，高被引论文数量中国为美国的65%，国际合作论文比重约为美国的52%，但引文影响力仅为美国的45%；我国发明授权专利数量远超美国，但PCT专利数量仅有美国三分之一，专利影响力和海外专利占比分别为美国的13%和2%。可见，我国在海水淡化及资源综合利用领域科技创新能力与美国仍存在明显差距。

（2）领域研发热点为海水淡化技术与膜材料。

基于海水淡化及资源综合利用技术子领域研究关键词共现聚类网络（图5-15），该领域研究集中在海水淡化方法、系统与装置以及膜材料3个方面，其中海水淡化方法研究热点为反渗透膜法、太阳能海水淡化及预处理等，同时出现了膜法与蒸馏法联产等多种技术集成的海水淡化技术；膜材料的研发热点为石墨烯、纳滤膜、中空纤维膜等。

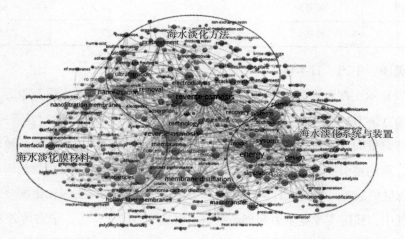

图5-15　海水淡化及资源综合利用技术子领域研究关键词共现聚类网络

虽然我国海水淡化领域发明专利数量达到3 314件，占领域专利总量的60%多，但PCT专利数量仅有61件，不足发明专利数量的2%，仅占领域PCT专利总量的9.6%。从各国PCT专利的IPC分类号分布来看，我国在海水淡化方法和海水资源综合利用方面的海外专利布局较少，表明我国在该领域的国际竞争力有待提升。相关结果见图5-16。

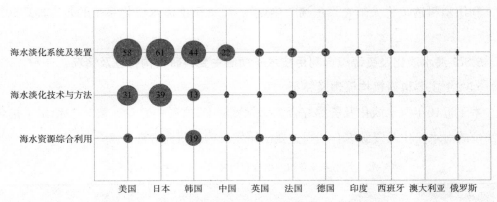

图5-16　海水淡化及资源综合利用技术子领域PCT专利国家分布

（3）技术推动成本持续降低。

水资源短缺已成为全球性问题，海水淡化成为缓解水资源短缺的有效途径。目前，大规模海水淡化应用已有成功实践，沙特、以色列等国家70%的淡水资源来自海水淡化，美国、日本、西班牙等国家为保护本国淡水资源也鼓励发展海水淡化产业。

从SCI论文和专利申请趋势来看（图5-17），近10年海水淡化及资源综合利用领域SCI论文年均发文量超过600篇，且呈现波动增长态势，2018年发文量约是2009年的3倍，年均增速超过12%。专利年均申请数量超过500项，年均增速在8%左右。可见领域科技研发活动持续活跃，技术不断发展进步，特别是更高效反渗透膜及能量回收装置的开发应用，推动反渗透膜法海水淡化的运营成本从每立方米2美元下降到每立方米0.49美元（新加坡），但更高效膜技术的开发空间非常有限，未来海水淡化技术将更注重于海水淡化工艺的改进，特别是预处理、水源质量、新能源应用及监测和控制系统等方面，如2019年美国莱斯大学纳米光子学实验室（LNAP）研究团

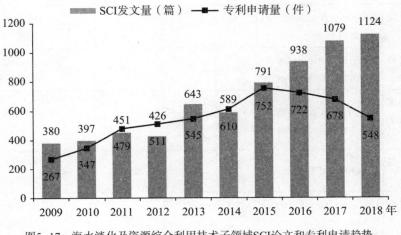

图5-17　海水淡化及资源综合利用技术子领域SCI论文和专利申请趋势

队，利用塑料透镜将太阳光聚焦到"热点"，将太阳能海水淡化系统的效率提高50%以上。

5.5.2 海水淡化及资源综合利用技术子领域主要科研机构特征及情况

5.5.2.1 主要科研机构梳理及特征

基于近10年海水淡化及资源综合利用领域SCI发文被引总量，表5-72给出了排名前20位的海水淡化及资源综合利用主要的研发机构及研究方向。

表5-72　海水淡化及资源综合利用技术子领域主要研究机构

序号	机构名称（中文）	机构名称（英文）	国家	SCI发文量（篇）	篇均被引次数（次/篇）	被引总量（次）	主要研究方向
1	麻省理工学院	Massachusetts Institute of Technology（MIT）	美国	171	46.7	7 982	海洋能海水淡化、膜材料、浓海水资源利用
2	耶鲁大学	Yale University	美国	73	93.6	6 835	膜材料：气隙膜、纳滤膜、仿生膜
3	新加坡国立大学	National University of Singapore	新加坡	154	42.9	6 606	膜材料：碳纳米管膜、分子膜、原子膜、正渗透纤维素膜；正向渗透
4	阿卜杜拉国王科技大学	King Abdullah University of Science & Technology	沙特	192	26.9	5 156	正向渗透、膜材料-反渗透膜、可再生能源驱动的海水淡化
5	南洋理工大学	Nanyang Technological University	新加坡	132	35.5	4 686	膜材料-正渗透纤维膜、纳米纤维膜、纳滤膜
6	中国科学院	Chinese Academy of Sciences	中国	188	22.8	4 278	膜材料-防污反渗透膜
7	哈利法科技大学	Khalifa University of Science & Technology	阿拉伯	92	44.5	4 095	膜蒸馏、膜材料-石墨烯膜、反渗透
8	法赫德国王石油矿产大学	King Fahd University of Petroleum & Minerals	沙特	104	34.9	3 628	膜材料-纳米结构材料膜污染处理
9	悉尼科技大学	University of Technology	澳大利亚	118	25.3	2 984	海水综合利用、正向渗透膜、膜蒸馏
10	得克萨斯大学	University of Texas System	美国	53	52.2	2 768	太阳能海水淡化、反渗透膜法、膜材

序号	机构名称（中文）	机构名称（英文）	国家	SCI发文量（篇）	篇均被引次数（次/篇）	被引总量（次）	主要研究方向
11	加州大学	University of California	美国	114	24.1	2 748	反渗透膜法、石墨烯等膜材料
12	清华大学	Tsinghua University	中国	71	38.7	2 746	石墨烯膜材料、反渗透法
13	斯旺西大学	Swansea University	英国	48	52.9	2 539	膜材料：正向渗透膜、膜污染处理
14	美国能源部	United States Department of Energy（DOE）	美国	58	43.2	2 508	太阳能膜蒸馏、多效蒸馏、电渗析技术、氧化石墨烯膜
15	韩国大学	Korea University	韩国	92	27.2	2 500	正渗透法、反渗透法、低结垢膜材料
16	荷兰瓦赫宁根大学与研究所	Wageningen University & Research	荷兰	29	84.9	2 462	电渗析法、电去离子法
17	得克萨斯大学奥斯汀分校	University of Texas at Austin	美国	43	56.4	2 425	风能、太阳能海水淡化，反渗透
18	维多利亚大学	University of Victoria	加拿大	59	35.6	2 098	膜蒸馏、膜材料
19	佛罗里达州立大学	Florida State University	美国	62	31.2	1 934	石墨烯膜、反渗透法
20	法国国家科学研究中心	Centre National de la Recherche Scientifique（CNRS）	法国	82	21.7	1 781	膜蒸馏与太阳能耦合法、反渗透法

参与国家众多，美国机构占1/3。20个机构分布在11个国家，其中，美国有7家，占比超过30%，新加坡、沙特和中国分别有2家，阿拉伯联合酋长国、澳大利亚、英国、韩国、荷兰、加拿大、法国各有1家。

研究热点为膜材料和海水淡化方法。从20家机构研究方向来看，半数以上的机构涉及海水淡化膜材料的相关研究，其中以石墨烯膜、仿生膜以及防污低结垢等功能性膜材料研究较为集中；此外除反渗透膜法外，科研机构近年来开展正向渗透、膜蒸馏和新能源技术等海水淡化方法的研究较多。

5.5.2.2 重点科研机构

以下为新加坡国立大学、麻省理工学院、阿卜杜拉国王科技大学的高被引文献情况，见表5-73—表5-75。

表5-73 新加坡国立大学〔NUC，National Oceanography Centre〕

创新机构	新加坡国立大学	
网址	http：//nus.edu.sg/	
联系方式	地址：21 Lower Kent Ridge Road，Singapore 119077 电话：+65 6516 6666	
文献布局	共检索到海水淡化及资源综合利用相关文献123篇	
高被引文献	题目	被引次数
	Recent advances in membrane distillation processes：Membrane development，configuration design and application exploring（膜蒸馏工艺的最新进展：膜开发，配置设计和应用探索）	255
	Well-constructed cellulose acetate membranes for forward osmosis：Minimized internal concentration polarization with an ultra-thin selective layer（用于正向渗透的结构良好的醋酸纤维素膜：使用超薄选择性层最小化内部浓度极化）	225
	The role of sulphonated polymer and macrovoid-free structure in the support layer for thin-film composite（TFC）forward osmosis（FO）membranes（磺化聚合物和大孔隙结构在薄膜复合正向渗透膜支撑层中的作用）	174
主要技术和产品	海水淡化方法；海水淡化工艺；膜材料	

表5-74 麻省理工学院〔MIT，Massachusetts Institute of Technology〕

创新机构	麻省理工学院	
网址	http：//web.mit.edu/	
联系方式	地址：77 Massachusetts Avenue Cambridge，MA 02139，USA 电话：617-253-1000	
文献布局	共检索到海水淡化及资源综合利用相关文献83篇	
高被引文献	题目	被引次数
	Superwetting nanowire membranes for selective absorption（超润湿纳米线膜用于选择性吸收）	719
	Thermophysical properties of seawater：A review of existing correlations and data（海水的热物理特性：对现有相关性和数据的回顾）	483

续表

高被引文献	Direct seawater desalination by ion concentration polarization（通过离子浓度极化直接海水淡化）	344
	Nanostructured materials for water desalination（用于海水淡化的纳米结构材料）	255
	Biofouling in reverse osmosis membranes for seawater desalination：Phenomena and prevention（用于海水淡化的反渗透膜中的生物污染：现象和预防）	252
	Energy requirements for water production，treatment，end use，reclamation，and disposal（水生产，处理，最终用途，回收和处置的能源需求）	188
主要技术和产品	海水淡化方法；海水资源利用	

表5-75　阿卜杜拉国王科技大学（KAUST，King Abdullah University of Science & Technology）

创新机构	阿卜杜拉国王科技大学	
网址	https：//www.kaust.edu.sa/	
联系方式	地址：Unity Blvd，Economic Development and Research Park，Thuwal	
文献布局	共检索到海水淡化及资源综合利用相关文献77篇	
高被引文献	题目	被引次数
	Renewable energy-driven desalination technologies：A comprehensive review on challenges and potential applications of integrated systems（可再生能源驱动的海水淡化技术：综合评估集成系统的挑战和潜在应用）	119
	Indirect desalination of Red Sea water with forward osmosis and low pressure reverse osmosis for water reuse（红海水的间接脱盐与正渗透和低压反渗透的水再利用）	118
	Renewable energy-driven innovative energy-efficient desalination technologies（可再生能源驱动的节能海水淡化技术）	91
	Osmotic power generation by pressure retarded osmosis using seawater brine as the draw solution and wastewater retentate as the feed（以海水盐水作为汲取溶液和废水渗余物作为进料的压力延迟渗透作用的渗透发电）	82
	Membrane-based seawater desalination：Present and future prospects（基于膜的海水淡化：现在和未来的前景）	81
主要技术和产品	海水淡化方法	

5.5.3 海水淡化及资源综合利用技术子领域主要企业特征及情况

5.5.3.1 主要企业梳理及特征

综合PCT专利申请机构情况、专家调查和市场调研结果，列出了20家海水淡化及资源综合利用重点企业，见表5-76。

表5-76 海水淡化及资源综合利用主要企业

序号	机构名称（中文）	机构名称（英文）	国家	主要研究方向
1	三菱重工	Mitsubishi Heavy Industries	日本	海水淡化、海水脱硫装置
2	株式会社荏原制作所	Ebara Corporation	日本	海水淡化系统、能量回收装置
3	日立公司	Hitachi Limited	日本	海水淡化装置、热法海水淡化
4	栗田工业株式会社	Kurita Water Industries Ltd.	日本	反渗透膜、膜法海水淡化
5	法国苏伊士环境集团	Suez Environment	法国	膜法海水淡化、海水处理
6	法国威立雅水务集团	Veolia Group	法国	膜法、热法海水淡化
7	新加坡凯发集团	Hyflux Limited	新加坡	膜材料、膜法海水淡化
8	韩国斗山重工公司	Doosan Corporation	韩国	膜法、热法海水淡化
9	以色列IDE海水淡化技术有限公司	IDE Technologies	以色列	低温多效热法、膜法海水淡化
10	西班牙Acciona公司	Acciona	西班牙	膜法海水淡化技术及装备
11	阿联酋Metito公司	Metito	阿联酋	太阳能海水淡化技术及装备
12	西班牙阿本戈公司	Abengoa	西班牙	膜法、太阳能供电海水淡化
13	意大利费赛亚公司	Fisia Italimpianti	意大利	膜法、热法海水淡化
14	美国陶氏化学公司	Dow Chemical Company	美国	反渗透膜、膜材料
15	美国能量回收公司	Energy Recovery Inc.	美国	能量回收装置
16	上海巴安水务股份有限公司	SafBon Water Service（Holding）Inc.，Shanghai	中国	膜法海水淡化、膜材料
17	北京碧水源科技股份有限公司	Beijing OriginWater Technology Co.，Ltd.	中国	膜法海水淡化、膜材料
18	金科环境股份有限公司	GreenTech Environmental Co.，Ltd	中国	膜元件及系统应用
19	上海电气集团股份有限公司	Shanghai Electric Group	中国	低温多效蒸馏、膜法海水淡化
20	天津膜天膜科技股份有限公司	Tianjin Motimo Membrane Technology Co.，Ltd.	中国	反渗透膜、膜材料

日本企业技术优势突出。日本的三菱重工、荏原制作所、日立公司、栗田工业株式会社4家企业在海水淡化及资源综合利用领域PCT专利申请数量较多。

中国企业市场表现优异。根据国际水务智库GWI发布的2017—2018年全球TOP15

海水淡化与再利用企业（按签约项目规模排名），领域知名企业法国苏伊士环境集团（Suez Environment）、西班牙Acciona公司、阿联酋Metito公司和西班牙阿本戈公司排名前4位，而我国的上海巴安水务、北京碧水源、金科环境、上海电气等4家水处理企业表现优异，位列第7位、9位、10位和11位。

5.5.3.2 重点企业

以下为三菱重工、天津膜天膜科技股份有限公司的专利情况，见表5-77—表5-78。

表5-77　三菱重工（Mitsubishi Heavy Industries）

创新机构	三菱重工		
网址	https://www.mhi.com/		
专利布局	共检索到44个与海水淡化及资源综合利用相关的专利族，分布在日本、美国、中国		
重要专利	公开号	专利名称	同族专利数量
	JP2013208605 A	Seawater desulfurization and oxidation treatment device and seawater flue-gas desulfurization system（海水脱硫氧化处理装置及海水排烟脱硫系统）	6
	JP2010234334 A	Oxidation tank，apparatus for treating seawater，and system for desulfurizing seawater（氧化槽、海水处理装置及海水脱硫系统）	15
	US10207942	Seawater pretreatment device（海水预处理装置）	10

表5-78　天津膜天膜科技股份有限公司

创新机构	天津膜天膜科技股份有限公司		
网址	http://www.motimo.com		
联系方式	地址：天津经济技术开发区第十一大街60号 电子邮件：info@motimo.com.cn 电话：022-66230233		
专利布局	共检索到36项与海水淡化及资源综合利用相关专利族		
重要专利	公开号	专利名称	同族专利数量
	CN102600736B	一种中空纤维复合膜的制备方法	2
	CN105126643B	一种中空纤维反渗透膜及其制备方法	2
	CN104211203B	一种卤水或海水超滤预处理工艺及预处理系统	2
	CN101785972B	具有双向清洗功能的水处理系统	2
主要产品	海水淡化膜材料		

5.6 海洋能技术子领域

海洋可再生能源通常指海洋中所蕴藏的可再生的自然能源，主要为潮汐能、波浪能、海流能、温差能、盐差能和海洋生物质能。开发利用海洋可再生能源可替代化石能源，从而有效地减少二氧化碳的排放。目前，法国、英国、意大利、加拿大和俄罗斯等国均有海洋可再生能源项目投产运营。海洋能技术子领域技术分解表见表5-79。

表5-79 海洋能技术子领域技术分解表

子领域	技术方向	子技术
海洋能	波浪能	波浪能高效捕获及转换技术
		波浪能供电技术
	潮流能	潮流能捕获及转换技术
		潮流能发电场设计建造与运行维护技术
	温差能	温差能供电
		温差能综合利用
	海上风电	海上风电机组设计、制造和控制
		海上风电直流输电及储能技术
	盐差能	海洋盐差能先进膜技术
	海上输电技术	柔性直流输电技术

5.6.1 海洋能技术子领域创新格局

海洋能技术子领域美国处于领先地位，英国、法国和德国等欧盟国家整体实力较强。亚洲国家中，中国和日本总体实力与欧盟国家相当。海洋能技术子领域主要国家指标表现见表5-80。

表5-80 海洋能技术子领域主要国家指标表现

国家	支撑竞争力	创新竞争力	市场竞争力
美国	100	100	100
英国	49.16	59.99	83.33
中国	41.17	71.71	33.33
法国	53.33	26.32	83.33

国家	支撑竞争力	创新竞争力	市场竞争力
日本	35	35.79	66.66
德国	24.16	30.01	83.33
澳大利亚	13.33	54.24	50
西班牙	17.5	33.2	66.66
挪威	11.66	33.21	66.66
加拿大	15	28.82	66.66
意大利	25.83	27.83	50
韩国	25.83	26.67	50
印度	17.5	37.05	33.33
巴西	8.33	26.61	33.33
俄罗斯	4.16	11.82	33.33

（1）美国处于领导地位。

通过对11项评价指标的综合评价，美国在支撑竞争力、创新竞争力和市场竞争力方面均处于首位，总体实力排名第一，遥遥领先于其他国家。美国在支撑竞争力中，SCI发文机构数量102家，约占发文数量居前15位的国家发文机构总数的三分之一，企业数量占主要国家企业总数的二分之一，PCT专利数量是排名第二的英国的2倍。美国在支撑竞争力、创新竞争力、市场竞争力方面都处于全球领先水平。

（2）英、中、法、日、德、澳等国家构成第二梯队。

中国在创新竞争力指标值位于主要国家第二位，得益于中国在SCI论文发文量和发明专利授权量方面均具有较大的数量优势。中国支撑竞争力位于第四位，市场竞争力在主要国家中位于相对落后位置，主要是因为中国企业的PCT专利数量偏少，进入国际市场竞争有技术壁垒，中国海洋能相关企业的国际竞争力还有待提高。相比之下，英国、法国在SCI发文数量落后于中国，但PCT专利的申请企业数量是中国企业的2~3倍，支撑竞争力和市场竞争力均高于中国。日本、德国和澳大利亚在海洋能技术子领域也有较强的综合实力。

（3）国际市场布局以美国市场为主，欧盟市场竞争激烈，金砖国家是潜在市场。

美国市场是主要的竞争市场，竞争激烈，是主要专利布局国家。欧洲是第二大国际市场，英国、法国和德国等欧洲国家布局专利数量较多。中国、日本和韩国是较大的国际市场，尤其中国是国际企业专利布局的重要市场。巴西、印度、南非和俄罗斯等金砖国家是国际专利未来布局的潜在市场。

（4）国际合作形成三核心的两大合作集群。

海洋能技术子领域的论文国际间合作形成了美国、中国和英国三个核心发文国家，以及中美合作网络、欧盟国家合作网络为主的2个合作集群。中美间的国际合作紧密，从发文数量和合作次数上在合作网络中均处于较高水平；法国、德国等欧洲国家间的合作紧密，形成合作集群。英国建立了同中美合作集群和欧盟国家间的广泛合作关系。中国同日本和韩国的合作强度明显较弱。

5.6.2 海洋能技术子领域技术布局

海洋能基础研究热点主要集中在海洋波浪能、海洋风能、能源管理、设计优化等方面。海洋波浪能的研究以能量转换研究为主；海洋风能研究重点在岛屿、近岸风场评估和模型设计；能源管理方面研究以能源系统、能源存储和能源效率研究为主；设计的研究集中于优化和仿真两个方面。

图5-18显示，海洋能技术子领域研究热点主要在于海洋能能量转换装置及其控制方面，发明专利的主要技术分类号为F03B大类的液力机械或液力发动机专利技术分类。液力发动机主要用于实现波浪能和潮流能转换为电能的装置。国家分布中，美国在转换装置、电力输送、能源管理等技术领域均有专利布局，技术体系较全面。英国在海洋液力发动机装置及控制领域专利较多。海洋能辅助装置技术方面，比如水下管路连接，美国和英国、法国等欧盟国家技术实力较强，中国、韩国和日本需要加强辅助装置的技术突破。在电力输送和能源管理两个技术领域，海洋能主

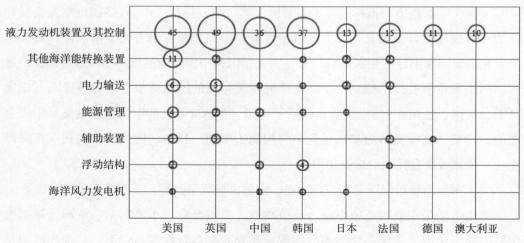

图5-18　海洋能技术子领域国家研究热点对比气泡图

要技术来源国的专利数量相差不大，技术实力相对均衡。我国需要在除了液力发动机和风力发电机以外的其他海洋能转换装置方面，进行技术探索，促进新技术的发展，增强国际市场竞争力。

5.6.3 海洋能技术子领域主要科研机构特征

近10年海洋能领域SCI发文数超过20篇的研发机构共40家，表5-81给出了这40家机构的基本情况，包括机构所在的国家、SCI发文数量以及被引总量。研发机构按被引总量降序排列。

表5-81 海洋能技术子领域主要研发机构列表

序号	机构名称（中文）	机构名称（英文）	国家	SCI发文数量（篇）	被引总量（次）
1	里斯本大学	University of Lisbon	葡萄牙	43	1 681
2	湖南大学	Hunan University	中国	48	1 341
3	圣地亚哥德孔波斯特拉大学	University of Santiago De Compostela	西班牙	37	1 216
4	奥尔堡大学	Aalborg University	丹麦	42	1 151
5	悉尼大学	The University of Sydney	澳大利亚	29	988
6	挪威科技大学	Norwegian University of Science and Technology	挪威	53	971
7	中国科学院	Chinese Academy of Sciences	中国	55	915
8	英国普利茅斯大学	University of Plymouth	英国	46	842
9	美国能源部	United States Department of Energy	美国	52	828
10	密歇根大学	University of Michigan	美国	36	805
11	麻省理工学院	Massachusetts Institute of Technology	美国	22	779
12	加州大学	University of California	美国	49	704
13	俄勒冈州立大学	Oregon State University	美国	22	630
14	大连理工大学	Dalian University of Technology	中国	41	591
15	清华大学	Tsinghua University	中国	34	575
16	印度理工学院	Indian Institute of Technology	印度	27	548
17	瑞典乌普萨拉大学	Uppsala University	瑞典	38	535
18	丹麦技术大学	Technical University of Denmark	丹麦	41	488
19	南安普敦大学	University of Southampton	英国	23	461

序号	机构名称（中文）	机构名称（英文）	国家	SCI发文数量（篇）	被引总量（次）
20	代尔夫特理工大学	Delft University of Technology	荷兰	21	444
21	爱丁堡大学	University of Edinburgh	英国	58	439
22	加州大学伯克利分校	University of California Berkeley	美国	25	412
23	法国国家科学研究中心	French National Centre for Scientific Research	法国	40	410
24	浙江大学	Zhejiang University	中国	22	406
25	英国埃克塞特大学	University of Exeter	英国	39	391
26	新加坡国立大学	National University of Singapore	新加坡	22	366
27	斯特拉斯克莱德大学	University of Strathclyde	英国	37	356
28	英国克兰菲尔德大学	Cranfield University	英国	26	316
29	上海交通大学	Shanghai Jiao Tong University	中国	50	296
30	中国海洋大学	Ocean University of China	中国	32	277
31	马来亚大学	University of Malaya	马来西亚	21	268
32	哈尔滨工程大学	Harbin Engineering University	中国	38	265
33	雅典国立技术大学	National Technical University of Athens	希腊	22	252
34	里昂大学	University of Lyon	法国	23	248
35	科克大学	University College Cork	爱尔兰	26	235
36	天津大学	Tianjin University	中国	30	200
37	伦敦大学	University of London	英国	26	191
38	西北工业大学	Northwestern Polytechnical University	中国	25	145
39	汉诺威大学	University of Hannover	德国	26	141
40	伦敦大学学院	University College London	英国	22	114

海洋能技术子领域主要的研究机构大多集中在中、英、美三国。中国共有10家机构发文数量超过20篇，且有2家机构总被引数量排名前10。英国共有8家机构发文数量超过20篇，且有1家机构总被引数量排名前10，其中爱丁堡大学的SCI发文数量排名第一位。美国共有7家机构发文数量超过20篇，且有2家机构总被引数量排名前10。中、美、英三国的机构数量总和占比超六成。丹麦和法国各有3家机构发文数量

大于20篇。

欧洲国家的研究机构在海洋能技术领域具有更高的影响力。在机构影响力（论文被引数量排名）排名前10位的机构中，欧洲国家占据5席，中国2席，美国2席，澳大利亚1席。在40个机构所属的17个国家中，有12个为欧洲国家。我国机构总被引次数最高的湖南大学排名第2位，中国科学院排名第7位。在论文的篇均被引数量方面，我国与欧洲国家的差距较大，在17个国家中处于11名的位置，落后于葡萄牙、西班牙和荷兰等国家。

5.6.4 海洋能技术子领域主要企业特征

近10年海洋能领域PCT专利数量排名前15位的企业多集中在欧洲国家。表5-82给出了相关企业的简表。

表5-82　海洋能技术子领域主要企业（基于PCT专利）

序号	机构名称（中文）	机构名称（英文）	国家	PCT专利数量（件）
1	英国潮汐发电有限公司	Tidal Generation	英国	14
2	法国国有船舶制造公司	DCNS Group	法国	10
3	德国福伊特集团	Voith Group	德国	8
4	韩国人进股份有限公司	Ingine	韩国	7
5	三菱重工	Mitsubishi Heavy Industries	日本	7
6	法国德西尼布集团	Technip France	法国	7
7	欧鹏海德洛知识产权有限公司	Openhydro Ip	爱尔兰	6
8	瑞士辛格尔浮筒系船公司	Single Buoy Moorings	瑞士	6
9	通用电气能源能量变换技术有限公司	Ge Energy Power Conversion Technology	英国	5
10	瑞典米内斯图股份公司	Minesto	瑞典	5
11	英国潮汐流有限公司	Tidal stream	英国	5
12	芬兰AW能源公司	Aw Energy	芬兰	4
13	韩国海洋科学研究所	Korea Institute Of Ocean Science & Technology	韩国	4
14	安凯特电缆集团	NKT HV Cables	德国	4
15	德国西门子公司	Siemens	德国	4

英国企业在海洋能技术子领域占有优势,欧洲企业的市场竞争力强。近10年海洋能领域PCT专利数量排名前15位的企业中,英国、德国企业各有3家,法国、韩国分别有2家企业,爱尔兰、瑞士、瑞典和芬兰等欧洲国家以及日本分别有1家企业。海洋能企业研发方向多数集中在潮流能技术,芬兰AW能源公司研究波浪能装换装置。

中国企业技术进步较快,在潮流能领域处于世界前列。杭州林东新能源科技股份有限公司研发的LHD海洋潮流能发电项目是世界上目前唯一全天候持续发电并网运行的项目,项目投入运行的装机量已达到1.7兆瓦,远超英国、法国、日本等发达国家的同类发电项目。

5.7 海洋环保技术子领域

海洋环保技术是解决海洋环境污染和海洋生态破坏问题,维持人类与环境协调发展的技术。海洋环境保护技术子领域的论文检索时间为2009~2019年,检索到SCI论文23 139篇,ESI论文329篇。海洋环境保护技术子领域的专利检索时间为2009~2019年,检索到发明授权专利共5 586件,PCT专利506件。根据专家调研,将海洋环保技术子领域划分为以下类别,见表5-83。

表5-83 海洋环保技术子领域技术分解表

子领域	子技术
海洋环保技术子领域	海洋生态健康评价技术
	海洋垃圾微塑料的研究
	海洋环境质量基准/标准技术
	污染物入海通量评估技术
	陆源污染控制技术
	养殖污染控制技术
	海洋生态修复技术
	基于生态系统的海洋管理技术
	海洋防灾减灾技术

5.7.1 海洋环保技术子领域创新格局

海洋环保技术子领域主要国家指标表现见表5-84。

表5-84　海洋环保技术子领域主要国家指标表现

国家	支撑竞争力	创新竞争力	市场竞争力
美国	100	100	100
法国	71.43	62.49	63
英国	24.03	75.81	55
中国	55.00	54.56	65
澳大利亚	13.24	75.84	60
日本	19.54	68.17	50
意大利	10.20	68.58	57
德国	11.03	61.61	55
西班牙	9.65	56.90	65
加拿大	13.16	57.13	55

（1）美国领先优势明显。

表5-84显示，在海洋环保技术研究中，美国领先优势明显，综合竞争力排名第一。图5-19显示，美国的发文机构数量与SCI发文数量遥遥领先于其他国家，其中发文机构有216家，超过第二名法国、第三名中国和第四名日本的机构数量总和；SCI发文数量为6 613篇，占全球总量的28.83%，超过第二名中国和第三名英国的SCI发文数量总和；专利被引指数为9.12，比第二名西班牙高4.12，排名第一。

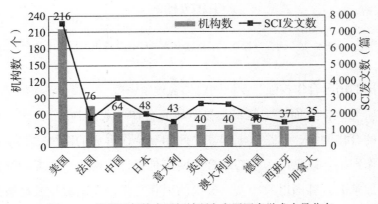

图5-19　海洋环保技术子领域研究主要国家学术力量分布

（2）中国在数量上具有优势但影响力不够。

中国的SCI发文数量和发明授权专利数量具有一定优势但影响力不够，在SCI发文数量上排名第二，为2 637篇；在发明授权专利数量上排名第一，为3 399件，占到了总量的79%，是排名第二位日本的5倍，但在PCT专利数量上与美国、日本差距明显。中国的引文影响力低于其他国家，篇均被引8.98次；专利被引指数为1.30，排名倒数第二。中国在海洋环保技术研究中的影响力不够。

（3）中美对比差距明显。

基于国际基础研究实力评价指标，进行海洋环保技术研究领域的中美对比（详见图5-20）。中国SCI发文数量约为美国的40%，高被引论文数量不到美国的20%，PCT专利数量约为美国的80%；在影响力方面，美国的引文影响力是中国的2倍，中国国际合作论文比重不到美国的80%，中国的专利影响力约美国的10%，海外专利占比为美国的2%。综合显示，中国虽然在发明专利授权数量上多于美国，但总体来看，美国在海洋环保技术研究领域优势明显。

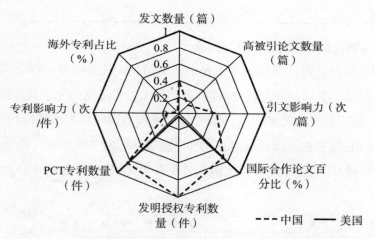

图5-20　海洋环保技术子领域中美专利/论文产出指标对比

（4）美国的国际合作较强，欧洲国家的合作紧密。

在基础研究合作方面，文献聚类显示研究合作主要分为3个合作网络，一是以美国为中心的合作网络，二是欧洲国家之间相互合作形成的网络，三是澳大利亚与新西兰的合作网络。以美国为中心的合作网络是强合作网络，主要的合作国家为中国、日本、加拿大、韩国以及印度。美国的国际合作论文的数量及高被引论文的数量均高于其他国家，以及网络中心度指标均表明美国在海洋环保技术科学领域具有很强的科研实力与引领能力。中国虽然发文数量较多，但位于边缘，网络中心度不高。从欧洲国家之间相互合作形成的网络来看，德国、法国、英国、挪威、瑞典、荷兰、意大利、西班牙与巴西之间的合作也比较紧密，网络中的国家数量也最多。澳大利亚与新西兰的合作网络则范围较小，国家较少。

5.7.2 海洋环保技术子领域技术布局

海洋环保技术子领域文献关键词聚类显示，海洋环保技术研究方向主要包括海洋防灾减灾、海洋环境管理、海洋污染控制、海洋环境评价等方向。海洋防灾减灾的高频词是气候变化、海水酸化等；海洋环境管理的高频词是海洋管理、海洋保护、生态系统服务等；海洋污染控制的高频词是重金属、微塑料、沉积物等；海洋环境评价的高频词是模型、动力、演化、强度等。

从海洋环保技术子领域专利研发热点来看，海洋防灾减灾、海洋微塑料研究、养殖污染控制等技术专利数量较多。其中中国在海洋环保技术子领域的各技术方向专利数量均排在第一位，海洋防灾减灾的专利数最多，为1 281件；韩国的专利数量排在第二位；日本在海洋防灾减灾的专利数明显多于其他技术，为644件；美国、澳大利亚、印度、加拿大、巴西、德国、法国的专利数量较少（图5-21）。

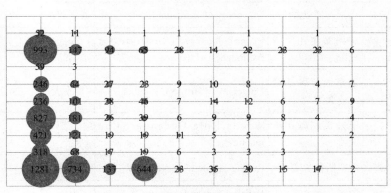

图5-21　海洋环保技术子领域专利研发热点

5.7.3 海洋环保技术子领域科研机构特征及情况

5.7.3.1 主要科研机构梳理及特征

近10年海洋环保技术子领域SCI发文数超过200篇的研发机构共24家，表5-85给出了24家机构的基本情况，包括机构中英文名称、机构所在的国家、SCI发文数量、被引总量以及高被引文献，研发机构按SCI发文数量降序排列。

表5-85　海洋环保技术子领域主要研发机构列表

序号	机构名称（中文）	机构名称（英文）	国家	SCI发文数量（篇）	被引总量（次）	高被引文献（篇）
1	美国国家海洋和大气管理局	National Oceanic and Atmospheric Administration	美国	670	17 091	21
2	中国科学院	Chinese Academy of Sciences	中国	630	7 032	
3	华盛顿大学	University of Washington	美国	411	10 148	19
4	澳大利亚詹姆斯·库克大学	James Cook University	澳大利亚	401	13 071	27
5	美国地质调查局	United States Geological Survey	美国	398	7 884	
6	东京大学	The University of Tokyo	日本	331	4 680	
7	俄勒冈州立大学	Oregon State University	美国	291	8 302	12
8	中国海洋大学	Ocean University of China	中国	289	2 544	
9	东北大学	Tohoku University	日本	285	4 416	
10	澳大利亚昆士兰大学	The University of Queensland	澳大利亚	284	7 864	13
11	塔斯马尼亚大学	University of Tasmania	澳大利亚	278	6 419	10
12	法国海洋开发研究院	French Research Institute for Exploitation of the Sea	法国	256	5 367	8
13	加拿大英属哥伦比亚大学	University of British Columbia	加拿大	247	9 295	16
14	伍兹霍尔海洋研究所	Woods Hole Oceanographic Institution	美国	247	11 564	11
15	俄罗斯科学院	Russian Academy of Sciences	俄罗斯	237	1 594	
16	中国台湾大学	National Taiwan University	中国	229	5 790	
17	西班牙国家研究委员会	The Spanish National Research Council	西班牙	229	3 690	
18	英国普利茅斯大学	University of Plymouth	英国	227	9 039	14
19	加州大学圣克鲁斯分校	University of California, Santa Cruz	美国	224	6 758	12
20	加州大学圣巴巴拉分校	University of California, Santa Barbara	美国	220	8 004	12

续表

序号	机构名称（中文）	机构名称（英文）	国家	SCI发文数量（篇）	被引总量（次）	高被引文献（篇）
21	夏威夷大学马诺阿分校	University of Hawaii at Manoa	美国	220	4 772	
22	加拿大渔业和海洋部	Fisheries & Oceans Canada	加拿大	215	4 199	7
23	中国自然资源部	Ministry of Natural Resources of the People's Republic of China	中国	209	1 962	
24	加州大学圣迭戈分校	University of California, San Diego	美国	203	7 222	11

　　海洋环保领域主要的研究机构大多集中在美国和中国。美国共有9家机构发文数量超过200篇，且有6家机构总被引数量排名前10。中国共有4家机构发文数量超过200篇，其中中国科学院的发文数量位于总排名第二位。中美两国的机构数量总和占比超5成。澳大利亚有3家机构入选，日本、加拿大各2家，法国、俄罗斯、西班牙、英国各1家。海洋环保领域西方国家具有更高的影响力。在机构影响力（论文被引总量排名）排名前10位的机构中，美国占据6席，澳大利亚2席，加拿大、英国各1席。我国机构总被引次数最高的为中国科学院，排名第12位。在影响力上我国的机构与美国差距较大，同时也落后于澳大利亚、加拿大、英国等国家。

5.7.3.2 重要科研机构

　　以下为美国国家海洋和大气管理局、中国科学院、美国华盛顿大学、澳大利亚詹姆斯·库克大学、美国地质调查局、东京大学等科研机构的高被引文献情况，见表5-86—表5-95。

表5-86　美国国家海洋和大气管理局（NOAA）

创新机构	美国国家海洋和大气管理局	
网址	https：//www.noaa.gov/	
联系方式	地址：宪法大道西北1401号，5128室华盛顿特区20230	
文献布局	共检索到670个与海洋环境保护技术相关的文献，其中高被引文献21篇。	
高被引文献	题目	被引次数
	Ocean acidification：The other CO_2 problem（海洋酸化：另一个二氧化碳问题）	1 726

续表

高被引文献	The Pacific oyster, *Crassostrea gigas*, shows negative correlation to naturally elevated carbon dioxide levels: Implications for near-term ocean acidification effects（太平洋牡蛎*crassostera gigas*与自然升高的二氧化碳水平呈负相关：对近期海洋酸化效应的暗示）	231
主要技术/产品/平台	海洋酸化、气候变化、二氧化碳排放	

表5-87　中国科学院

创新机构	中国科学院	
网址	http：//www.cas.cn/	
联系方式	地址：北京市三里河路52号 邮政编码：100864 电话：86 10 68597114（总机） 　　　　86 10 68597289（值班室） E-mail：casweb@cashq.ac.cn	
文献布局	共检索到630个与海洋环境保护技术相关的文献，其中高被引文献5篇。	
高被引文献	题目	被引次数
	Biomass and lipid production of marine microalgae using municipal wastewater and high concentration of CO_2（利用城市污水和高浓度二氧化碳培养的海洋微藻的生物量和油脂产量）	180
	（The world's largest macroalgal bloom in the Yellow Sea, China：Formation and implications）中国黄海发生全球最大的藻华：形成和影响	138
主要技术/产品/平台	藻华、重金属污染、农药污染、海洋管理	

表5-88　美国华盛顿大学（University of Washington）

创新机构	美国华盛顿大学	
网址	https：//www.washington.edu/	
联系方式	电话：206-543-2100 206-897-INFO（4636）（西雅图） 866-897-INFO（4636）（西雅图以外）	
文献布局	共检索到411个与海洋环境保护技术相关的文献，其中高被引文献19篇。	
高被引文献	题目	被引次数
	Integrated ecosystem assessments：Developing the scientific basis for ecosystem-based management of the ocean（综合生态系统评估：建立海洋生态系统管理的科学基础）	324

续表

高被引文献	The world's largest macroalgal bloom in the Yellow Sea，China：Formation and implications（中国黄海全球最大的大型藻华：形成和影响）	138
主要技术/产品/平台	海洋酸化、海洋污染、气候变化	

表5-89　澳大利亚詹姆斯·库克大学（James Cook University，JCU）

创新机构	澳大利亚詹姆斯·库克大学	
网址	https：//www.jcu.edu.au/	
联系方式	universitysecretary@jcu.edu.au 地址：University Secretary James Cook University Townsville QLD 4811，AUSTRALIA 电话：（07）4781 4111 +61 7 4781 5601	
文献布局	共检索到401个与海洋环境保护技术相关的文献。	
	题目	被引次数
高被引文献	Projecting coral reef futures under global warming and ocean acidification（全球变暖和海洋酸化下的珊瑚礁未来预测）	558
	Ocean acidification impairs olfactory discrimination and homing ability of a marine fish（海洋酸化损害海洋鱼类的嗅觉辨别和归巢能力）	389
主要技术/产品/平台	海洋酸化、珊瑚礁保护	

表5-90　美国地质调查局（United States Geological Survey，USGS）

创新机构	美国地质勘探局	
网址	https：//earthquake.usgs.gov/	
联系方式	地址：12201 Sunrise Valley Drive，MS 905 弗吉尼亚州雷斯顿，20192	
文献布局	共检索到398个与海洋环境保护技术相关的文献。	
	题目	被引次数
高被引文献	Limits on the adaptability of coastal marshes to rising sea level（沿海沼泽对海平面上升适应性的限制）	293
	Development of a Coupled Ocean-Atmosphere-Wave-Sediment Transport（COAWST）Modeling System（海洋—大气波—泥沙耦合模型系统的开发）	242
主要技术/产品/平台	海洋微塑料、海洋酸化、海洋生态系统	

表5-91　东京大学（The University of Tokyo）

创新机构	东京大学	
网址	https：//www.u-tokyo.ac.jp/ja/index.html	
联系方式	地址：东京都文京区本乡七丁目3番1号	
文献布局	共检索到331个与海洋环境保护技术相关的文献。	
高被引文献	题目	被引次数
	Tsunami source of the 2011 off the Pacific coast of Tohoku earthquake（2011年海啸距离太平洋沿岸东北部）	293
	Time and space distribution of coseismic slip of the 2011 Tohoku earthquake as inferred from tsunami waveform Data（从海啸波形资料推断2011年东北地震同震滑动的时空分布）	242

表5-92　美国俄勒冈州立大学（Oregon State University）

创新机构	俄勒冈州立大学	
网址	https：//oregonstate.edu/	
联系方式	地址：俄勒冈州立大学 杰斐逊路西南1500号 Corvallis或97331 电话：51-733-1000	
文献布局	共检索到291个与海洋环境保护技术相关的文献。	
高被引文献	题目	被引次数
	The value of estuarine and coastal ecosystem services（河口和沿海生态系统服务的价值）	1 194
	Estimating global "blue carbon" emissions from conversion and degradation of vegetated coastal ecosystems（通过沿海植被生态系统的转化和退化估算全球"蓝碳"排放量）	362

表5-93　中国海洋大学

创新机构	中国海洋大学
网址	http：//www.ouc.edu.cn/
联系方式	地址：青岛市崂山区松岭路238号 电话：0532-66782730
文献布局	共检索到289个与海洋环境保护技术相关的文献。

续表

	题目	被引次数
高被引文献	Occurrence，distribution，and ecological risks of phthalate esters in the seawater and sediment of Changjiang River Estuary and its adjacent area（长江口及其邻区海水沉积物中邻苯二甲酸酯的发生、分布及生态风险）	16

表5-94　日本东北大学（Tohoku University）

创新机构	日本东北大学
网址	http：//www.tohoku.ac.jp/japanese/
联系方式	地址：41 Kawauchi，Aoba-ku，Sendai，980-8576 Japan 电话：+81-22-795-7776
文献布局	共检索到285个与海洋环境保护技术相关的文献。

	题目	被引次数
高被引文献	Polycyclic aromatic hydrocarbons（PAHs）biodegradation potential and diversity of microbial consortia enriched from tsunami sediments in Miyagi，Japan（日本宫城海啸沉积物中多环芳烃的生物降解潜力及微生物群落多样性）	83
	Can community social cohesion prevent posttraumatic stress disorder in the aftermath of a disaster？A natural experiment from the 2011 Tohoku earthquake and tsunami（社区社会凝聚力能预防灾难后的创伤后应激障碍吗？2011年东北地震和海啸的自然实验）	24
	Environmental DNA metabarcoding reveals local fish communities in a species-rich coastal sea（环境DNA代谢显示了丰富物种的沿海地区鱼类群落）	44

表5-95　澳大利亚昆士兰大学（The University of Queensland）

创新机构	昆士兰大学
网址	https：//www.uq.edu.au/
联系方式	地址：The University of Queensland Brisbane QLD 4072 Australia 电话：+61 7 3365 1111
文献布局	共检索到284个与海洋环境保护技术相关的文献。

	题目	被引次数
高被引文献	Projecting coral reef futures under global warming and ocean acidification（全球变暖和海洋酸化下的珊瑚礁未来预测）	558
	Contrasting futures for ocean and society from different anthropogenic CO_2 emissions scenarios（不同人为二氧化碳排放情景下海洋和社会的未来对比）	312

高被引文献	One hundred questions of importance to the conservation of global biological diversity（保护全球生物多样性的一百个重要问题）	283

5.7.4 海洋环保技术子领域企业特征

近10年，海洋环保技术子领域PCT专利申请机构约1 250家，其中，有效PCT专利数量在3件以上的企业11家。表5-96给出了11家企业的基本情况，包括企业中英文名称、企业所在的国家、PCT专利数量以及主要研究方向，企业按PCT专利数量降序排列。

表5-96 海洋环保技术子领域主要企业（基于PCT专利）

序号	机构名称（中文）	机构名称（英文）	国家	PCT专利数量（件）	主要研究技术
1	LG电子株式会社	LG Electronics	韩国	8	海洋防灾减灾
2	华为技术有限公司	HUAWEI	中国	5	海洋防灾减灾
3	日本避难所	Shelter Japan	日本	5	海洋防灾减灾
4	东丽株式会社	Toray Industries	日本	5	海洋污染物处理
5	中兴通讯股份有限公司	ZTE	中国	5	海洋防灾减灾
6	三菱电机株式会社	Mitsubishi Electric	日本	4	海洋防灾减灾
7	爱立信公司	Ericsson	瑞典	3	海洋防灾减灾
8	日本IHI株式会社	IHI	日本	3	海洋污染物处理
9	美国交互数字专利控股公司	Interdigital Patent Holdings	美国	3	海洋防灾减灾
10	三菱日立电力系统	Mitsubishi Hitachi Power System	日本	3	海洋污染物处理
11	日本电气股份有限公司	NEC	日本	3	海洋防灾减灾

海洋环保技术子领域PCT专利数量排名前11位的企业中，韩国的LG电子株式会社排名第一，有8件PCT专利；日本的企业数量最多，共有6家，PCT专利数量占到了排名前11位企业PCT专利总量的49%；中国的华为技术有限公司和中兴通讯股份有限公司两家公司均有5件PCT专利。另外，排名前11位的企业还有瑞典的爱立信公司和美国的交互数字专利控股公司，PCT专利数量各为3件。

青岛海洋科学与技术试点国家实验室专题分析 **6**

青岛海洋科学与技术试点国家实验室（以下简称海洋试点国家实验室）2013年12月获科技部批复，2015年6月正式运行。自正式运行以来，海洋试点国家实验室发展迅速，已经成为我们国家一支重要的海洋科研力量，对全球海洋科研贡献日益凸显。

在全球范围内，我们选择了9个海外知名机构作为海洋试点国家实验室对标机构，这9个海外机构分别为美国伍兹霍尔海洋研究所、美国斯克利普斯海洋研究所、英国国家海洋研究中心、德国亥姆霍兹极地海洋研究中心、德国亥姆霍兹基尔海洋研究中心、法国海洋开发研究院、日本海洋地球科技研究所、澳大利亚海洋科学研究所以及俄罗斯希尔绍夫海洋研究所。报告从人才资源、经费投入、科技成果、科研合作能力、人才培养、研究热点前沿占有率等方面进行了综合比较。相关统计数据对比见表6-1和图6-1。

表6-1　海洋领域10大主要科研机构对比

机构缩写*	人力资源	投入	科技成果（2018）				独立科研		合作能力		人才培养	增长率	
	研究人员（人）	经费（亿美元）	SCI发文（篇）	高被引论文（篇）	科学自然杂志（篇）	SCI篇均被引（次/篇）	一作/通信发文（篇）	一作/通信发文（%）	国际合作发文（篇）	国际合作发文（%）	研究生（人）	10年（%）	近3年（%）
NLMST	2004	2.35	1672	14	4	2.0	33	2.0%	426	25.5%	—	—	85.3%
SIO	317	1.95	742	18	13	2.5	333	44.9%	549	74.0%	325	3.3%	1.4%
NOC	540	0.56	492	13	6	2.5	50	10.2%	372	75.8%	—	3.7%	3.0%
WHOI	500	2.15	594	12	7	2.9	192	32.3%	382	64.4%	800	1.3%	−1.2%

续表

机构缩写*	人力资源	投入	科技成果（2018）				独立科研		合作能力		人才培养	增长率	
	研究人员（人）	经费（亿美元）	SCI发文（篇）	高被引论文（篇）	科学自然杂志（篇）	SCI篇均被引（次/篇）	一作/通信发文（篇）	一作/通信发文（%）	国际合作发文（篇）	国际合作发文（%）	研究生（人）	10年（%）	近3年（%）
AWI	500	1.34	610	14	7	3.2	248	40.7%	496	81.4%	180	4.4%	1.1%
GEOMAR	500	0.9	522	18	9	3.7	222	42.5%	431	82.6%	200	4.2%	2.7%
IFREMER	595	2.36	797	15	0	3.0	325	40.8%	542	68.1%	150	3.2%	2.1%
AIMS	241	0.48	195	7	2	3.9	80	41.0%	123	63.1%	241	6.3%	−1.2%
JAMSTEC	312	3.23	638	13	5	1.8	252	39.5%	326	51.2%	—	3.9%	4.2%
IORAS	386	—	297	0	0	0.6	201	67.7%	87	29.4%	286	7.7%	8.3%

*机构缩写：青岛海洋科学与技术试点国家实验室（NLMST）；斯克利普斯海洋研究所（SIO）；英国国家海洋研究中心（NOC）；伍兹霍尔海洋研究所（WHOI）；德国亥姆霍兹极地海洋研究中心（AWI）；德国亥姆霍兹基尔海洋研究中心（GEOMAR）；法国海洋开发研究院（IFREMER）；澳大利亚海洋科学研究所（AIMS）；日本海洋地球科技研究所（JAMSTEC）；俄罗斯希尔绍夫海洋研究所（IORAS）。

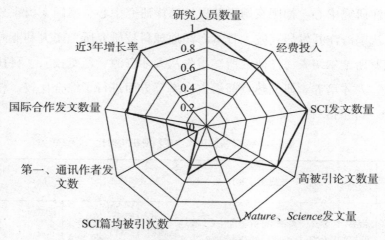

图6-1　海洋试点国家实验室各指标最大值归一化雷达图

6.1 海洋试点国家实验室在全球格局中地位日益凸显

6.1.1 海洋科研产出位居全球海洋科研机构前列

2016～2018年，海洋试点国家实验室SCI论文数量累计3 195篇，ESI论文数量累计26篇，海洋试点国家实验室贡献了全球海洋领域约1.4%的SCI论文、0.9%的高被引论文，我国海洋领域7.3%的SCI论文、4.7%的高被引论文。近3年的SCI论文产出在全球10大海洋科研机构中位居首位，已成为世界海洋科研领域一支重要的力量。

6.1.2 海洋科研产出增速位居首位

近3年海洋试点国家实验室SCI发文年均增速高达85.3%，增速惊人，高出我国海洋领域SCI发文增速67个百分点，高出全球海洋领域SCI发文增速81个百分点，在全球近3年发文数量前100位的机构中，增速位居首位。其他9家海外机构的发文平均增长率仅为2.3%，且有的机构出现了负增长。表明海洋试点国家实验室自成立以来集中发力取得了明显的成效。

6.1.3 人才汇聚效应明显

海洋试点国家实验室依托6家成员单位，面向全球汇聚人才，已形成了一支含两院院士30人、千人计划人才22人、长江学者23人、国家杰出青年科学基金项目获得者75人和鳌山人才69人等2 200余人的人才队伍，科研人员规模是排名第二的美国伍兹霍尔海洋研究所科研人员的4倍，显示出海洋试点国家实验室具有较好的科研人员规模优势和汇聚人才的平台效应。

6.1.4 经费投入力度较大

2018年海洋试点国家实验室各创新单元获批科研项目总经费约16.2亿元，折合约2.35亿美元。其中，获批牵头的国家重点研发计划项目23项，经费合计约5.7亿元；获国家自然科学基金资助项目约215项，累计直接经费合计约2.37亿元。根据其他研究机构公开数据显示，经费投入最高的为日本海洋地球科技研究所，高达3.23亿美元，其次是海洋试点国家实验室和法国海洋开发研究院，经费投入约2.35亿美元，美国伍兹霍尔海洋研究所和斯克利普斯海洋研究所经费投入约2亿美元。表明近年来海洋试点国家实验室经费投入力度已居世界前列。

6.2 在新一轮海洋科技大变局中实现"换道超车"的对策建议

海洋试点国家实验室作为我国海洋领域唯一的试点国家实验室，其发展目标为建成引领世界科技发展的高地、代表国家海洋科技水平的战略科技力量、世界科技强国的重要标志和促进人类文明进步的世界主要科技中心。面对世界海洋科技创新"一超多强，中国崛起"新格局，海洋试点国家实验室应勇担时代赋予的"国之重任"，尽快补齐短板，乘势而上，在新一轮海洋科技竞争大变局中实现"换道超车"，为海洋强国战略做出自己应有的贡献。

6.2.1 加快大科学装置和平台建设

海洋试点国家实验室在目前海洋科技热点前沿领域自主创新能力整体表现还不强，基础前沿研究诸多领域发展水平与其他9个对标机构还有差距。面对全球海洋科技基础前沿领域竞争日益激烈新格局，承担国家战略使命的海洋试点国家实验室亟待在基础前沿领域取得新突破。大科学装置和重大创新平台是现代科学技术诸多领域取得突破的必要条件，是参与国际竞争的基础条件。因此，加快建设海洋领域大科学装置设施和重大科研平台是当务之急。海洋试点国家实验室应在已建成高性能科学计算与系统仿真平台、科学考察船共享平台、海洋创新药物筛选与评价平台、海洋同位素与地质年代测试平台、海洋高端仪器设备研发平台、海洋分子生物技术公共实验平台等基础上，启动建设国家海洋超算中心、海上综合试验场、冷冻电镜中心、国际高分辨率地球系统预测实验室等大科学装置设施和平台，依托大科学装置和平台，集聚全球海洋科技人才，组织联合攻关，解决海洋科学核心问题，突破"卡脖子"关键技术，在新一轮海洋科技基础前沿领域竞争中站得先机。

6.2.2 牵头组织国际大科学计划和大科学工程

习近平总书记指出："要深化国际交流合作，充分利用全球创新资源，在更高起点上推进自主创新，并同国际科技界携手努力为应对全球共同挑战做出应有贡献。"目前，我国在全球海洋科技合作网络中处于第二梯队，配置全球创新资源的能力还不强。海洋试点国家实验室开放创新、集聚全球创新资源的能力还较弱，特别是与9个对标机构相比，开展国际合作的水平均存在较大差距，在全球海洋科技创新格局中的地位亟待提升。牵头组织大科学计划和大科学工程作为建设创新型国家和世界科技强国的重要标志，是解决全球关键科学问题的有力工具，是聚集全球优势科技资源的高端平台，对于我国增强科技创新实力、提升国际话语权具有积极深远意义。因此，海洋试点国家实验室应借鉴国际大洋发现计划（IODP）、全球海洋观测系统（GOOS）、世界大洋环流实验（WOCE）、实时地转海洋学观测阵列计划（Argo）等国际海洋大科学计划经验，围绕海上战略通道安全、南海复杂环境、深远海资源开发、天然气水合物勘探开发等重大科学技术问题，积极组织发起以我为主的国际海洋大科学计划和大科学工程，广泛吸收国际高水平科技人才，汇聚国际优质科技创新资源，实现重大科学问题的原创性突破，为解决世界性海洋重大科学难题贡献中国智慧、提出中国方案、发出中国声音，在优化全球海洋科技资源布局、完善创新治理体系中扮演重要角色，实现引领世界科技发展的高地、代表国家海洋科技水平的战略科技力量、世界科技强国的重要标志和促进人类文明进步的世界主要科技中心战略目标。

6.2.3 探索设立海洋领域小企业创新计划

习近平总书记在2018年6月视察海洋试点国家实验室时强调："发展海洋经济、海洋科研是推动我们强国战略很重要的一个方面，一定要抓好。关键的技术要靠我们自主来研发，海洋经济的发展前途无量。"针对目前我国海洋高新技术企业创新能力不强，诸多海洋装备和产品关键核心技术仍掌握在发达国家手中这一现实问题，海洋试点国家实验室应借鉴美国法律赋予国家实验室的一项专门任务，即向工业部门转移技术，开放设施，向企业及相关机构提供人员和技术支持，向社会、公众提供免费信息服务等，将海洋科研成果技术转移、转化作为一项重要的职责任务。建议探索设立海洋领域中小企业创新计划，向科技型中小企业开放实验设施，鼓励支持中小企业参与海洋领域热点研究与前沿技术创新计划项目，学习美国SBIR/STTR计划的分阶段资助经验，根据前一阶段的资助效果决定后一阶段的资助对象，提高研发成果的转化率及企业获得资助后的创新动力。

6.2.4 组建核心研发团队

目前，缺乏高水平主体核心研发团队是影响海洋试点国家实验室成为世界海洋科技发展高地和中心的主要原因之一。海洋试点国家实验室主要采用"核心+网络"的组织架构，以"双聘"形式引进人才，构建"柔性引才"机制。这种机制在实验室建设初期发挥了很好的作用，但是要实现引领世界科技发展的高地这一目标，拥有自己全职的核心研发团队是必不可少的。世界主要海洋科研机构如美国伍兹霍尔海洋研究所、德国亥姆霍兹基尔海洋研究中心、法国海洋开发研究院等全职科研人员规模都在300～500人之间。因此，建议海洋试点国家实验室对标国际领先海洋研究机构或者国家实验室，面向国家海洋重大战略需求，组建自己拥有的全职核心研发团队，发挥重要战略核心作用。同时，与高校合作建立研究生院，联合培养我国海洋领域高层次后备人才。

6.2.5 建立全球海洋领域地平线扫描系统

新一轮科技革命和产业变革正在加速演进，人工智能、互联网、大数据与传统海洋科技相结合，必将产生新的前沿技术和颠覆性技术，引发新一轮的海洋科技革命。如何利用好新一轮科技革命和产业变革的"机会窗口"，有助于把握海洋科技发展大势，进行前瞻布局、寻找海洋科技新的突破点和生长点，对于我国在海洋科技发展竞争中，从"跟跑"向"并跑"和"领跑"转变具有极其重要的意义。建议借鉴美国情报先期研究计划署（Foresight and Understanding for Scientific Exposition）、英国地平线扫描中心（The Centre for Future Studies）、澳大利亚卫生政策技术咨询委员会（the Australia and NewZealand Horizon Scanning Network）、欧盟联合研究中心（For Learn）等地平线扫描系统，充分运用大数据、人工智能等技术，建立世界海洋新兴技术地平线扫描系统，跟踪监测全球海洋科技发展动态，探测海洋前沿技术和颠覆性技术发展趋势，分析创新资源竞争格局，绘制技术创新图谱。开展技术预测研究，充分发挥专家智慧，从科技发展规律的角度把握全球海洋科技发展大势，明确发展愿景，研判海洋科技发展的趋势和突破方向，聚焦未来10～20年重大的海洋科技前沿，从科技影响的角度研究海洋科技对于经济社会发展和国家安全的重大问题，定期发布《海洋科学前沿报告》《海洋科技竞争力水平评价报告》，为中长期海洋科技创新规划编制等提供有力支撑，服务国家科技创新战略布局，引领全国海洋科技创新发展。

参考文献

［1］Reef 2050 Long-Term Sustainability Plan［R/OL］. 2014.https://www.environment.
gov.au/marine/gbr/long-term-sustainability-plan

［2］National Marine Science Committee. National Marine Science | Plan Driving the
development of Australia's blue economy 2015—2025［R/OL］. 2015. https://www.
marinescience.net.au/wp-content/uploads/2018/06/National-Marine-Science-Plan.pdf

［3］Marine Natural Resource Management. OceanWatch Australia［R/OL］. 2017.
https://www.oceanwatch.org.au/wp-content/uploads/2017/02/OceanWatch-Marine-
NRM-Stakeholder-Engagement-Strategy.pdf

［4］Oceans Policy Science Advisory Group. Marine Nation 2025: Marine Science to
Support Australia's Blue Economy［R/OL］. 2013. https://www.sydney.edu.au/
content/dam/corporate/documents/faculty-of-science/research/Marine-Nation-2025.
pdf

［5］James Cook University ARC Centre of Excellence for Coral Reef Studies. Marine
Climate Change in Australia［R/OL］. 2012. https://researchonline.jcu.edu.
au/25196/1/25196_Munday_et_al_2012.pdf

［6］Australian Antarctic Science Program Governance Review［R/OL］. 2017.
https://www.environment.gov.au/system/files/pages/7753423c-a411-480e-b1d8-
8669a098d33d/files/aus-antarctic-science-program-governance-review.pdf

［7］20 Year Australian Antarctic Strategic Plan［R/OL］. 2014. https://www.science.org.
au/files/userfiles/events/documents/20-year-australian-antarctic-strategic-plan.pdf

［8］Natural Resource Management Ministerial Council.Australia's Biodiversity
Conservation Strategy 2010—2030［R/OL］. 2010. https://www.atse.org.au/wp-
content/uploads/2019/02/20-year-australian-antarctic-strategic-plan.pdf

[9] International Energy Agency. Ocean energy: Technology Readiness, Patents, Deployment Status And Outlook [R/OL]. 2014. https://www.cbd.int/doc/world/au/au-nbsap-v2-en.pdf

[10] Sustainable Ocean Initiative Global Partnership Meeting Action Plan For The Sustainable Ocean Initiative（2015—2020）[R/OL]. 2014. https://www.cbd.int/doc/meetings/mar/soiom-2014-02/official/soiom-2014-02-actionplan-en.pdf

[11] Canada's Oceans Protection Plan [R/OL]. 2016. https://tc.canada.ca/sites/default/files/migrated/oceans_protection_plan.pdf

[12] FisheriesandOceansCanada. Canada's State of the Oceans Report, 2012 [R/OL]. 2012.

[13] FisheriesandOceansCanada. Canada's Oceans Action Plan For Present and Future Generations [R/OL]. 2005. http://www.fishharvesterspecheurs.ca/system/files/products/Policy-OceanActionPlan-Eng.pdf

[14] FisheriesandOceansCanada. Canada's ocean strategy [R/OL]. 2002.

[15] International Union of Geodesy and Geophysics. Future of the Ocean and its Seas: a non-governmental scientific perspective on seven marine research issues of G7 interest research [R/OL]. 2016. https://globalmaritimehub.com/wp-content/uploads/2018/05/OSC_Supercluster_Strategy.pdf

[16] United Nations Educational, Scientific and Cultural Organization. United Nations Decade of Ocean Science for Sustainable Development（2021—2030）[R/OL]. 2018. https://www.dfo-mpo.gc.ca/campaign-campagne/un-decade-decennie-nu/docs/launch-presentation-evenement-lancement-2021-03-03-eng.pdf

[17] Secretariat of the Global Environment Facility. Marine Debris as a Global Environmental Problem [R/OL]. 2011. https://www.thegef.org/sites/default/files/publications/STAP_MarineDebris_-_website_1.pdf

[18] United Nations Educational, Scientific and Cultural Organization. Blueprint for ocean and coastal sustainability [R/OL]. 2011. https://sustainabledevelopment.un.org/index.php?page=view&type=400&nr=792&menu=1515

[19] United Nations.Global Ocean Science Report [R/OL]. 2017. https://en.unesco.org/gosr

[20] Convention on Biological Diversity [R/OL]. 2010. https://observatoriop10.cepal.

org/sites/default/files/documents/treaties/cbd_eng.pdf

［21］Interagency Arctic Research Policy Committee. Arctic Research Plan FY2017— 2021［R/OL］. 2017. https://obamawhitehouse.archives.gov/sites/default/files/ microsites/ostp/NSTC/iarpc_arctic_research_plan.pdf

［22］NOAA. An Ocean Blueprint for the 21st Century［R/OL］. 2004. https://govinfo. library.unt.edu/oceancommission/newsnotices/watkins_testimony.pdf

［23］NOAA. NOAA's Arctic vision and strategy［R/OL］. 2011. https://www.pmel.noaa. gov/arctic-zone/docs/NOAAArctic_V_S_2011.pdf

［24］NOAA. Strategic Human Capital Challenges［R/OL］. 2007.

［25］NOAA. Ocean Exploration's Second Decade［R/OL］. 2014. https://oeab.noaa.gov/ wp-content/uploads/2020/Documents/noaa-response-to-sab-2014-04-14.pdf

［26］NOAA. the report of ocean exploration 2020［R/OL］. 2013. https://www. oceanexplorer.woc.noaa.gov/oceanexploration2020/oe2020_report.pdf

［27］NOAA. NOAA Office of Ocean Exploration and Research［R/OL］. 2011. https:// oceanexplorer.noaa.gov/about/what-we-do/program-review/oe-program-history- overview.pdf

［28］NOAA. NOAA Strategic Plan for Deep-Sea Coral and Sponge Ecosystems［R/ OL］. 2010. NOAA Strategic Plan for Deep-Sea Coral and Sponge Ecosystems

［29］NOAA. NOAA's Next-Generation Strategy Plan［R/OL］. 2010. NOAA's next- generation strategy plan

［30］NOAA. NOAA Fisheries Clinate Science Strategy［R/OL］. 2015. https:// oceanexplorer.noaa.gov/about/what-we-do/program-review/next-gen-str-plan.pdf

［31］Arctic Council.Arctic Ocean Acidification Assessment: Summary for Policymaker ［R/OL］. 2013. https://oaarchive.arctic-council.org/bitstream/handle/11374/2351/ aoa18spm.pdf?sequence=1&isAllowed=y

［32］Federal government of the United States. Draft For Public Comment Science And Technology For America's Oceans:A Decadal Vision［R/OL］. 2018. https://www.agu.org/-/media/Files/Share-and-Advocate-for-Science/Letters/ AGULetterOSTPOceans-27Aug2018.pdf

［33］University of Oregon; UO. Marine Studies Initiative 10-Year Strategic Plan 2016—2025［R/OL］. 2016. https://leadership.oregonstate.edu/sites/leadership.

oregonstate.edu/files/marine-studies-initiative/strategic-plan/msi_strategic_plan_
final_low-v2.pdf

［34］United States National Research Council. National Ocean Policy Implementation
Plan［R/OL］. 2012. https://obamawhitehouse.archives.gov/sites/default/files/
national_ocean_policy_implementation_plan.pdf

［35］United States National Research Council. Sea Change: 2015—2025 Decadal Survey
of Ocean Sciences［R/OL］. 2015. http://www.ccpo.odu.edu/~klinck/Reprints/PDF/
oceanNRC2015.pdf

［36］WHOI. 20 Facts About Ocean Acidification［R/OL］. 2013. http://wsg.washington.
edu/wordpress/wp-content/uploads/outreach/ocean-acidification/20-facts-English.
pdf

［37］NOAA. Strategic Plan for Federal Research and Monitoring of Ocean Acidification
［R/OL］. 2014. https://www.nodc.noaa.gov/oads/support/IWGOA_Strategic_Plan.
pdf

［38］United States National Research Council. Oceanography in 2025: Proceedings of a
Workshop［R/OL］. Oceanography in 2025: Proceedings of a Workshop

［39］United States National Research Council. Critical infrastructure for ocean research
and societal needs in 2030［R/OL］. 2011. https://www.nap.edu/resource/13081/
ocean-infrastructure-report-brief-final.pdf

［40］National Science and Technology Council, NSTC. Charting The Course For
Ocean Science In The United States For The Next Decade［R/OL］. 2007. https://
obamawhitehouse.archives.gov/sites/default/files/microsites/ostp/orppfinal.pdf

［41］Federal Government of the United States. Science For An Ocean Nation: Update
Of The Ocean Research Priorities Plan［R/OL］. 2013. https://obamawhitehouse.
archives.gov/sites/default/files/microsites/ostp/2013_ocean_nation.pdf

［42］IOOS.U.S. IOOS Enterprise Strategic Plan 2018—2022［R/OL］. 2018. https://cdn.
ioos.noaa.gov/media/2018/02/US-IOOS-Enterprise-Strategic-Plan_v101_secure.pdf

［43］European Marine Board, EMB. Navigating the future for European marine research
［R/OL］. 2013. https://www.marineboard.eu/file/18/download?token=QescBTo6

［44］European Union. International Ocean Governance: an agenda for the future of our
oceans［R/OL］. 2016. http://eeas.europa.eu/archives/delegations/china/documents/

news/list-of-actions.pdf

［45］European Marine Board, EMB. Marine Biotechnology Advancing Innovation in Europe's Bioeconomy［R/OL］. 2017. Marine Biotechnology Advancing Innovation in Europe's Bioeconomy

［46］European Marine Board, EMB. Enhancing Europe's Capability in Marine Ecosystem Modelling for Societal Benefit［R/OL］. 2018. https://www.marineboard.eu/publications/enhancing-europes-capability-marine-ecosystem-modelling-societal-benefit

［47］European Science Foundation, ESF. Marine Renewable Energy Research Challenges and Opportunities for a new Energy Era in Europe［R/OL］. 2010. http://archives.esf.org/publications/marine-sciences.html

［48］European Union. ORECCA European Offshore Renewable Energy Roadmap［R/OL］. 2011. https://tethys.pnnl.gov/sites/default/files/publications/ORECCA-2011.pdf

［49］European Marine Board, EMB. Delving Deeper Critical challenges for 21st century deep-sea research［R/OL］. 2015. https://www.researchgate.net/publication/284419320_Delving_Deeper_Critical_challenges_for_21st_century_deep-sea_research

［50］European Marine Board, EMB. Delving Deeper How can we achieve sustainable management of our deep sea through integrated research［R/OL］. 2015. https://www.researchgate.net/publication/284419171_Delving_Deeper_How_can_we_achieve_sustainable_management_of_our_deep_sea_through_integrated_research_EMB_Policy_Brief_2

［51］European consortium for ocean research drilling（ECORD）. The Deep-Sea Frontier: Science challenges for a sustainable future［R/OL］. 2007. http://www.ma.ieo.es/deeper/DOCS/deepseefrontier.pdf

［52］European Union.The Deep Sea and Sub-Seafloor Frontier［R/OL］. 2010. https://cordis.europa.eu/project/id/244099/reporting

［53］The European Wind Energy Association, EWEA. Deep water The next step for offshore wind energy［R/OL］. 2013. https://tethys.pnnl.gov/sites/default/files/publications/EWEA-2013.pdf

［54］Institute for European Environmental Policy, IEEP. Plastics, Marine Litter And Circular Economy Product Briefings ［R/OL］. 2017. https://ieep.eu/uploads/articles/attachments/15301621-5286-43e3-88bd-bd9a3f4b849a/IEEP_ACES_Plastics_Marine_Litter_Circular_Economy_briefing_final_April_2017.pdf?v=63664509972

［55］第 3 期海洋基本計画（案）［R/OL］. 2018. https://www.kantei.go.jp/jp/singi/kaiyou/dai17/shiryou1_1.pdf

［56］海洋開発推進計画［R/OL］. 2006. http://www.cas.go.jp/jp/seisaku/kaiyou/070613/keikaku.pdf

［57］海洋科学技術に係る研究開発計画［R/OL］. 2017. https://www.mext.go.jp/b_menu/shingi/gijyutu/gijyutu5/reports/1382579.htm

［58］海洋エネルギー・鉱物資源開発計画［R/OL］. 2013. https://www.meti.go.jp/press/2018/02/20190215004/20190215004-1.pdf

［59］2030年に向けた 海洋開発技術イノベーション戦略［R/OL］. 2018. https://www.project-kaiyoukaihatsu.jp/involvednews/pdf/OffshoreOilandGasInnovationStrategy2030（OGIS2030）.pdf

［60］今後の深海探査システムの［R/OL］. 2018. https://www.mext.go.jp/b_menu/shingi/gijyutu/gijyutu5/013/siryo/attach/1375648.htm

［61］Seabed 2030 Roadmap for Future Ocean Floor Mapping ［R/OL］. 2017. https://seabed2030.org/sites/default/files/documents/seabed_2030_roadmap_v11_2020.pdf

［62］World Energy Resources Marine Energy 2016 ［R/OL］. 2016. http://large.stanford.edu/courses/2018/ph240/rogers2/docs/wec-2016.pdf

［63］Lloyd's Register of Shipping, LR. Global Marine Fuel Trends 2030 ［R/OL］. 2014. https://www.lr.org/en/insights/global-marine-trends-2030/global-marine-fuel-trends-2030/

［64］Lloyd's Register of Shipping, LR. Global Marine Trends 2030 ［R/OL］. 2013. https://www.lr.org/en/insights/global-marine-trends-2030/

［65］Lloyd's Register of Shipping, LR. Global Marine Technology Trends 2030 ［R/OL］. 2015. Global Marine Technology Trends 2030

［66］National Marine Research & Innovation Strategy 2017—2021 ［R/OL］. 2017. https://irishoceanliteracy.ie/wp-content/uploads/2019/02/nationalmarineresearchinn

ovationstrategy2021.pdf

［67］UKERC Marine（Wave and Tidal Current）Renewable Energy Technology Roadmap［R/OL］．2007．http://ukerc.rl.ac.uk/Roadmaps/Marine/Tech_roadmap_summary%20HJMWMM.pdf

［68］Marine Energy Action Plan 2010［R/OL］．2010．https://cdn.ca.emap.com/wp-content/uploads/sites/9/2010/03/MarineActionPlan-1.pdf

［69］East Inshore and East Offshore Marine Plans Executive Summary［R/OL］．2014．https://assets.publishing.service.gov.uk/government/uploads/system/uploads/attachment_data/file/312493/east-plan-executivesummary.pdf

［70］GOV. UK. marine science strategy 2010—2025［R/OL］．2010．https://www.gov.uk/government/publications/uk-marine-science-strategy-2010-to-2025

［71］National Oceanography Centre, NOC. Taking the Lead The strategic priorities of the National Oceanography Centre［R/OL］．2010．https://new.noc.ac.uk/files/documents/about/NOC%20STRATEGY%20-%20WEB.pdf

［72］陈海山，罗江珊，韩方红．中国北方暴雪的年代际变化及其与大气环流和北极海冰的联系［J］．大气科学学报，2019，42（1）：68-77．

［73］陈云伟．社会网络分析方法在情报分析中的应用研究［J］．情报学报，2019，38（1）：21-28．

［74］戴磊，魏阙．人工智能领域技术预见研究［J］．中阿科技论坛（中英阿文），2018（3）：48-59．

［75］范晓，杜冠华．国外海洋药物研究前沿与我国的发展战略［J］．中国海洋药物，1999，18（2）：42-45．

［76］冯寿波．消失的国家：海平面上升对国际法的挑战及应对［J］．现代法学，2019，41（2）：177-195．

［77］高超，查芊郁，阮甜，杨茹．海平面上升研究进展的文献分析［J］．海洋科学，2019，43（2）：97-107．

［78］高超，汪丽，陈财，罗纲，孙艳伟．海平面上升风险中国大陆沿海地区人口与经济暴露度［J］．地理学报，2019，74（8）：1590-1604．

［79］高卉杰，王达，李正风．技术预见理论、方法与实践研究综述［J］．中国管理信息化，2018，21（17）：78-82．

［80］何宗玉．深海采矿的环境影响［J］．海洋开发与管理，2003，20（1）：61-65．

［81］黄福，侯海燕，任佩丽，胡志刚.基于共被引与文献耦合的研究前沿探测方法
　　　鄰选［J］.情报杂志，2018，37（12）：13-19.

［82］黄文誉，王斌，李立娟，董文浩，石燕燕.耦合模式FGOALS-g2中大西洋经
　　　向翻转流对3个典型浓度路径的响应［J］.气候与环境研究，2014，19（6）：
　　　670-682.

［83］黄晓斌，吴高.学科领域研究前沿探测方法研究述评［J］.情报学报，2019，
　　　38（8）：872-880.

［84］李兵，魏阙，宋微，刘爽.日本技术预见工作的创新及启示［J］.科技视界，
　　　2018（25）：17-18.

［85］李建平，黄茂兴.国家创新竞争力研究——国家创新竞争力：重塑G20集团经
　　　济增长的战略基石［J］.福建师范大学学报：哲学社会科学版，2012，（5）：
　　　1-9.

［86］李牧南.技术预见研究热点的演进分析：内容挖掘视角［J］.科研管理，
　　　2018，39（3）：141-153.

［87］李平，吕岩威，王宏伟.中国与创新型国家建设阶段及创新竞争力比较研究
　　　［J］.经济纵横，2017，0（8）：57-63.

［88］李晓明，张强.星载合成孔径雷达北极海冰覆盖观测［J］.海洋学报，2019
　　　（4）：145-146.

［89］李瑜洁，高晓清，张录军，郭维栋，杨丽薇.近30年北极海冰运动特征分析
　　　［J］.高原气象，2019（1）：114-123.

［90］刘宝银，张杰.海洋科学的前沿—"数字海洋"［J］.地球信息科学，2000，
　　　（1）：8-11.

［91］罗素平，寇翠翠，金金，袁红梅.基于离群专利的颠覆性技术预测——以中药
　　　专利为例［J］.情报理论与实践，2019，42（7）：165-170.

［92］吕皓，周晓纪.基于主题模型的技术预见文本分析［J］.情报探索，2018
　　　（10）：52-59.

［93］脑科学发展态势及技术预见［J］.科技导报，2018，36（10）：6-13.

［94］彭凡嘉，韩森，刘小荷.技术预测和技术预见的应用及启示——以德国实践为
　　　例［J］.中国物价，2019（3）：91-93.

［95］齐庆华，蔡榕硕.中国近海海表温度变化的极端特性及其气候特征研究［J］.
　　　海洋学报，2019，41（7）：36-51.

［96］宋杰鲲，张在旭，张宇．企业技术创新竞争力评价指标体系与模型［J］．科技与管理，2006，8（5）：109-111．

［97］孙罩峰．浅谈深海采矿对环境的影响及措施［J］．山东工业技术，2019（18）：84-84．

［98］孙震，冷伏海．一种基于知识元共现的ESI研究前沿知识演进分析方法［J］．情报学报，2018，37（11）：1095-1113．

［99］唐启升，陈松林．海洋生物技术前沿领域研究进展［J］．海洋科学进展，2004，22（2）：123-129．

［100］王兴旺，董珏，余婷婷．基于三螺旋理论的新兴产业技术预测方法探索［J］．科技管理研究，2019，39（6）：108-113．

［101］王兴旺，余婷婷，张云婷．同行认可视角下的科学研究前沿探测方法研究［J］．情报杂志，2019，38（8）：63-67．

［102］韦三水．国家竞争力竞的是"基础创新"［J］．中国发展观察，2012，（12）：35-36．

［103］无闻．面向21世纪的海洋遥感前沿研究［J］．海洋信息，1997，（5）：12-13．

［104］肖斌，舒启，乔方利．大西洋经向翻转环流的模拟对海表驱动场时间和空间分辨率的敏感性分析［J］．海洋科学进展，2016，34（2）：175-185．

［105］徐路路，王效岳，白如江．一种基于TDT模型的基金项目科学研究前沿识别方法研究［J］．情报理论与实践，2018，41（8）：72-78．

［106］于雷，郜永祺，王会军，Helge DRANGE．高纬度淡水强迫增强背景下大西洋经向翻转环流的响应及其机制［J］．大气科学，2009，33（1）：179-196．

［107］于路云．基于知识图谱的国际海洋科学研究前沿与技术机会分析［J］．2017．

［108］张振刚，罗泰晔．基于知识网络的技术预见研究［J］．科学学研究，2019，37（6）：961-967．

［109］周群，周秋菊，冷伏海．基于科技媒体视角的研究前沿识别方法研究与实证［J］．现代情报，2018，38（2）：62-67．

附录　数据来源

期刊数据：Web of Science核心合集是获取全球学术信息的重要数据库，它收录了全球12 400多种权威的、高影响力的学术期刊，内容涵盖工程技术、生物、医学、社会科学、艺术与人文等领域。Web of Science核心合集拥有严格的筛选机制，其依据文献计量学中的加菲尔德文献集中定律，只收录各学科领域中的重要学术期刊。选择过程毫无偏见，且已历经半个多世纪的考验。高被引论文是依据科瑞维安基本科学指标数据库（ESI）按领域和出版年统计的引文数量排名前1%的论文。

专利数据：Orbit是由QUESTEL（科思特尔）公司开发的专利信息检索和分析数据库，它的主要特色是将全球专利数据集成在一个平台上，提供独特的Fampat专利家族供用户进行检索和分析，并对分析结果提供可视化的呈现方式。可检索99个国家及组织的发明专利和实用新型专利数据，22个国家及组织的专利全文数据。每周更新。

我国高技术专利数据库：基于《海洋高技术产业分类》（HY/T 130—2010）标准，青岛市科学技术信息研究院联合中国专利技术开发中心、华智数创（北京）科技发展有限责任公司，构建了我国海洋高技术产业专利数据库。该数据库共涉及五大产业技术领域，19个产业技术门类，48个产业技术中类，163个产业技术小类（技术分类详见附件1）。数据目前更新至2018年7月1日。

资助项目库数据：① 美国国家科学基金会（National Science Foundation，简称NSF）是美国独立的联邦机构，相当于中国国家自然科学基金委员会，成立于1950年。② 研究与创新框架计划2014—2020（the Framework Programme for Research and Innovation 2014—2020，也称为地平线2020，HORIZON 2020，H2020）通过创新性合作研究和对尖端科技、工业领航以及社会挑战3个关键领域的关注实现发展。它的目标是确保欧洲拥有世界级的科学技术来推动经济发展。③ 日本科研补助金数据库（KAKEN）是由日本国立情报学研究所联合文部科学省、JSPS共同建立的。该数据库收录了历年上交文部科学省和JSPS的科学研究费补助金项目资料。④ 2018年5月，英国实施了项目专业机构的重组改革，英国研究理事会（Research Councils UK，RCUK）改组为新的英国研究与创新署（UK Research and Innovation，UKRI）。英国研究与创新署作为独立于政府的公共机构，其主要职能是统筹管理英国每年60亿英镑的全部科研经费，按照相关法律要求和霍尔丹原则，由议会负责其问责。⑤ SBIR与STTR项目库。为了使小企业的潜在创新能力得以充分发挥，美国先后推出了小企业创新研究计划（Small Business Innovation Research Program，SBIR）和小企业技术转移计划（Small Business Technology Transfer Program，STTR），鼓励境内小企业参与具有商业化市场前景的政府研究和开发项目，为小企业技术创新提供财政资助。国防部（DOD）、卫生与公众服务部（HHS）、能源部（DOE）、国家航空航天局（NASA）、国家科学基金会（NSF）等11个政府部门高度重视SBIR/STTR计划，每年预留出一定比例的研发经费为小企业创新技术应用搭建有效平台。

统计报告：《中国海洋统计年鉴》系列、《中国海洋年鉴》系列、《中国船舶年鉴》等。